U0052027

前 言

寶石、玻璃、珠珠……

這些被人喜愛的飾品，

因為它們擁有透明的美麗。

不論是誰，一定都會為這澄澈清透的視覺所吸引吧！

若能自己動手作出如此優雅討喜的飾品，

我想大概就是透明樹脂可以輕易辦到的事情。

透明樹脂是一種由液體變化成透明固體的素材，

由於原本是液體，所以能硬化成喜歡的形狀、上色或是鑲入裝飾用配件，

作出寶石與玻璃無法達成的創作效果。

不需要特別的工具和專門技術，人人都可以體驗，也是它的一大魅力！

但一旦開始製作，會產生「要準備什麼才好？」、

「這麼多種透明樹脂的不同在於？」等各式各樣的疑問。

用心製作了卻沒辦法依照所想順利完成成品，

也有許多人會有著

「為什麼作不好呢？」、「失敗的原因是甚麼？」的疑惑吧？

本書收錄豐富的教學內容，不論是正想開始接觸的讀者，

或是已經熟悉透明樹脂工藝的讀者，都能派上用場，

內含基礎製作及小技巧，是一本實用的透明樹脂教科書。

透明樹脂是一種擁有著可塑性的手作素材，本書收錄了許多實用的「小技巧」，

一定能夠成為讓各位讀者的創作更上一層樓的小幫手喇！

熊﨑堅一

初學者の第一本
UV膠&環氧樹脂飾品教科書
從初學到進階！製作超人氣作品の完美小祕訣 All in one ！

Contents

LESSON 1
UV膠&環氧樹脂の基礎小常識

LESSON 2
上色&鑲嵌

LESSON 3
矽膠模&翻模

LESSON 4
灌膠硬化
修飾&加工

本書用法

標示在作品旁的☆記號表示製作的難易程
度。記號越少則代表初學者也容易上手，
使用雙面模及澆注透明樹脂層數越多的作
品，星形記號也越多。

環氧樹脂　鑲嵌　環氧樹脂・鑲嵌的標示，
則表示那項作品的特徵技巧，UV膠與環氧
樹脂兩種都使用時，則標示翻模的主要作
法。

作業中請注意

使用透明樹脂及矽膠，若將染料沾到衣服
及地毯上會清除不掉，請穿上弄髒了也沒
關係的衣服進行作業，並將作業台鋪上塑
膠布吧！

透明樹脂及矽膠，因為商品會有臭味，作
業中請保持房間通風。

使用時請注意

翻模後的透明樹脂因為紫外線和空氣中的
成分，會隨著時間而變色，翻模後的樹脂
有著加熱後會變軟的性質，放在靠近火源
&陽光直射處，會造成樹脂變形。

除個人使用外，法律上禁止未經同意任意將本書
所收錄之作品進行複製・販賣（店面・網路商店
等）。

UV膠轉轉耳環

☆☆☆☆☆

design：SUPERPOP☆COLLECTIVE8

在珠鍊作的底座，裝飾上UV膠作成
的膠片。

作法→ P.89

貓咪&雨傘
圖案胸章
☆☆☆☆☆
design：マンボウ★no.5

在喜愛花樣作成的膠片背面，
以手拿鑽刻上花樣。

作法→ P.90

實驗瓶造型鍊墜
☆ ☆ ☆ ☆ ☆

design：シヅクヤ

取雙面模，在沒有正反之分的立體造型內鑲入喜歡的配件。

作法→ P.84

運用金線製作の
閃亮亮配件

☆☆☆☆☆

design：SUPERPOP☆COLLECTIVE8

將遇光會閃閃發亮的線材，鑲進透明
樹脂中。

作法→ P.85

方形項鍊配件
☆☆☆☆☆

design：シヅクヤ

將鑲有五金配件及珍珠、亮片的樹脂
配件以UV膠黏接。

作法→ P.86

玫瑰球墜項鍊
☆ ☆ ☆ ☆ ☆

design：みどり堂

將圓滾滾的球形取雙面模，鑲進乾燥
花作出成熟氛圍。

作法→ P.87

乾燥花球項鍊
☆☆☆☆☆

design：みどり堂

配合插圖形狀的單面模及球體的雙面模，作成不分正反面的配件。

作法→ P.88

FIELD NOTES

Page Memo Book
Durable Materials / Made in the U.S.A.

KOH · I · NOOR
TD' 6911

押花＆森林
小鹿胸針
☆☆☆☆☆

design：みどり堂

加工六層作出遠近世界的表面，並作
霧面加工表現出森林的樹木。

作法→ P.92

100% COTTON
MADE IN WALES, UK

滿滿草莓條狀鑰匙圈
☆☆☆☆☆
design：シフォン樹里

鑲入樹脂黏土作成的草莓，再以深橘色上色作為背景。

作法→ P.93

閃亮亮蝴蝶
鑰匙圈
☆☆☆☆☆

*design:*SUPERPOP☆COLLECTIVE8

亮片、雷射片……將閃亮亮的素材鑲
進透明樹脂中。

作法→ P.94

LESSON

1

UV膠＆環氧樹脂の
基礎小常識

UV膠及環氧樹脂有何不同呢？要使用哪種才好呢？本單元收錄的基礎內容將解決這些疑問，並整理出各自的特徵及優點，讓第一次接觸的初學者也能愉快製作的「基本重點」。已經熟練略有基礎的您，也請將這些小技巧及重點活用在製作上喲！

basic : UV resin

UV膠の基礎小常識

所謂UV膠，指的就是利用紫外線硬化的「紫外線硬化樹脂」。
使用專用燈具，縮短硬化時間是最大的優點。

◆ UV膠の特徵＆優點

//

因為UV膠屬於單劑型材料，比起要將主劑和硬化劑以1g為
單位量測混合的環氧樹脂，能夠輕鬆使用是最大的優點。再
者，照射紫外線就能硬化的特性，利用UV燈就能縮短硬化時
間，順利製作也是其中的一項優點。而黏性強也是UV膠的特
徵，能夠藉著表面張力可以固化出稍微膨起的成品，使用只
有外框的配件製作，還是手繪作出各種形狀。

製作重點！

UV膠比環氧樹脂的黏性高，所以用
來製作複雜的形狀，會有膠水沒辦法
表現出細部的樣子、產生氣泡後不容
易去除的缺點。因為是照UV燈使之
硬化，厚度在燈（紫外線）照不到時
就無法硬化，一次照燈硬化的厚度以
5mm以下製作吧！

\適合用在此時！/

● 製作用量少的小型鑲嵌及淺型底座及
小型配件時

● 使用無底框型五金時

● 用來黏接＆製作表漆時

黏接

羊眼、9針の黏接
→P.75

UV膠配件の黏接
→P.86、89

胸針五金の黏接＆補強
將膠品配件接在胸針配件
時，以黏接劑固定後，像是
要將胸針配件埋進一樣塗上
UV膠，確實固定。

胸針配件埋進UV膠中硬
化，儘可能不要有凹凸
不平，作出平順的完成
面。

上膠

紙張（鑲嵌）上膠→P.28

押花上膠→P.48

和紙上膠
→P.89

膠品配件上膠
UV膠不光是用來作硬化製作
配件，也能重疊塗在環氧樹
脂作的膠片表面，將UV膠塗
在表面，就能作出光澤的效
果。

表面上膠後，同樣在反
面也要上膠。有厚度的
膠片請記得側面也要塗
膠。

沒有分正反面的形狀
（球體），將開孔插入
針具類拿著照燈，或將
針具插在油土上固定後
再放進UV燈內。

UV膠製作必備工具

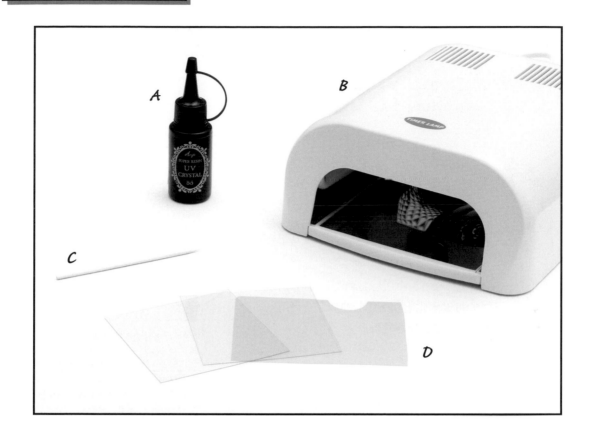

A: UV膠

利用紫外線固化的透明樹脂。

※本書使用Super Resin UV膠。

B: UV燈

紫外線照射機（推薦使用36W）。利用燈照讓UV膠硬化，因為尺寸不同，照燈時間也會改變，依作品尺寸選擇使用。

C: 竹串、牙籤

為了在產生氣泡時用來戳破，準備細長且前端尖銳的工具會相當方便。

D: 塑膠板、透明片

也可以裁剪透明夾使用。將作品放進UV燈時可以當作底墊使用，直接將UV膠流動時，使用容易剝開的透明片。

---

memo

以紙膠帶固定

將裁剪下的塑膠板及透明夾當作底墊時，小型鑲嵌及模型在拿出入UV燈時，可能會移動到，將紙膠帶等用來作止滑固定，就能安心製作。

利用太陽光硬化時請注意！

由於是利用紫外線使其硬化，其中一項特徵是也能利用太陽光硬化。但是也有可能因為天候影響，以致紫外線不足，造成硬化不良。UV膠最大的優點就是可使用UV燈讓它在短時間硬化，以UV燈作出漂亮的成品吧！

UV膠基本用法

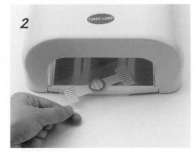

灌膠固定

1

底座（這裡剪紙片當作背景）下面以紙膠帶作固定的底部，灌入少許UV膠。

point

產生氣泡時，以竹籤或牙籤等工具戳或挑破。

2

放進UV燈，照射2至3分鐘使之硬化。

3

在步驟**2**硬化的樹脂上再灌入UV膠，排上想要鑲嵌的配件後，放進UV燈內照燈2至3分鐘使之硬化。

4

在步驟**3**上再灌UV膠。灌到膠水因表面張力呈現膨起狀態，放進UV燈內照燈2至3分鐘使之硬化。

memo

背景以外的配件
從第二層開始排

像步驟**1**先作只有透明樹脂的一層，就能營造出遠近感。還有，第2次灌的UV膠和第1次的UV膠牢牢接合，配件就能確實固定。

脫模

基本的作業及環氧樹脂（參考P.26）相同。
一次可以硬化的厚度在5mm以下，若想要作出厚度，就重複進行硬化作業。

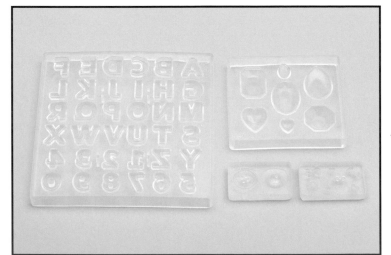

← 各式模型

矽膠材質模型既容易脫模，表面也不容易呈霧面。請注意若使用非UV膠專用模型時，也可能因為模型的表面加工，造成作品表面起霧。在此推薦使用容易照光的透明模型，使用不透明的矽膠模型，會讓紫外線不能傳遞，導致作品無法硬化。

technique 1 填框 │ 因為高黏度的UV膠不易流動，就算沒有底座只有外框也能作出形狀。

使用完整外框時
將外框放在透明片上，灌UV膠硬化。最底下先作一層能立刻硬化的薄底，對於之後的作業就會相當順利。

外框底部凹凸不平時
底部先塗上一層凡士林，預防UV膠外流。如果溢流到框外面，就以棉花棒擦掉。灌膠硬化後，再沾洗碗精以熱水洗掉凡士林。

以鍊條作外框時
將鍊條在紙膠帶上擺出喜歡的形狀當作外框，為了讓灌膠後也不會有溢流，一定要以紙膠帶固定。

technique 2 表面上膠 │ 在紙張材料表面塗UV膠上膠當作配件。

1

2

將紙張放在透明片上，表面塗上UV膠。上膠時稍微塗超出邊緣，放進UV燈內照燈2至3分鐘讓它硬化。

反面也以相同作法硬化，從透明片上拆下將多餘部分剪掉。

point ⬭ OK ⬭ NG

在使用紙膠帶固定外框時，紙膠帶寬度一定要可以將外框全部放入。重疊細紙膠帶使用，會造成底部產生高低差，使UV膠表面不平順，要注意喔！

technique 3 手繪 │ 因為UV膠具有黏性，可以畫出簡單的形狀。畫好後硬化就能當作配件使用。

1

2

3

以UV膠在透明片畫上喜歡的形狀，圖中為混合金粉後，作成水滴形的樣子。（P.38作品）

放進UV燈內照2至3分鐘使之硬化，從透明片上拆下。

邊緣若有不順的地方，請以剪刀剪掉，厚度薄時可以剪刀剪形狀。

框型配件作成の鑰匙圈

design：シフォン樹里

☆☆☆☆☆

材料

UV膠

A
- **鑲嵌素材**…貼紙數種、配件（鑰匙）、珍珠、鍍金珠
- **飾品素材**…包包型五金、連接配件

B
- **鑲嵌素材**…貼紙數種、樹脂黏土（玫瑰）、珍珠、鍍金珠、鍍金配件（蝴蝶）
- **飾品素材**…鑰匙型五金、連接配件

作法　A

1. 將框型配件放在透明片（或矽膠墊）上，灌少許膠[第一層]。➤照燈2分鐘

2. 灌入少許UV膠，放上貼紙（蕾絲）後再灌少許UV膠[第二層]。
   ➤照燈2分鐘

3. 灌入少許UV膠，放上貼紙（蝴蝶結&蕾絲）後再灌少許UV膠[第三層]。
   ➤照燈2分鐘

4. 灌入少許UV膠，放上五金配件（叉子）、鍍金珠後再灌少許UV膠，在叉子上放珍珠[第四層]。
   ➤照燈2分鐘

5. 灌入少許UV膠，放上貼紙（文字、蛋糕）後，再灌少許UV膠[第五層]。
   ➤照燈2分鐘

6. 將UV膠倒滿框型配件（利用表面張力稍微灌滿起來一些）[第六層]。
   ➤照燈3分鐘

作法　B

→參考**A**作法，製作五層。
第二層：貼紙／第三層：樹脂黏土配件（玫瑰），珍珠，鍍金珠／第四層：鍍金珠，金屬配件（蝴蝶），貼紙（蝴蝶結）

memo

具有黏性の UV 膠

正因為使用UV膠，才能以沒有底部的框型五金當作外框。除了不容易流動外，由於使用UV燈硬化時間也短。

A-2

A-4

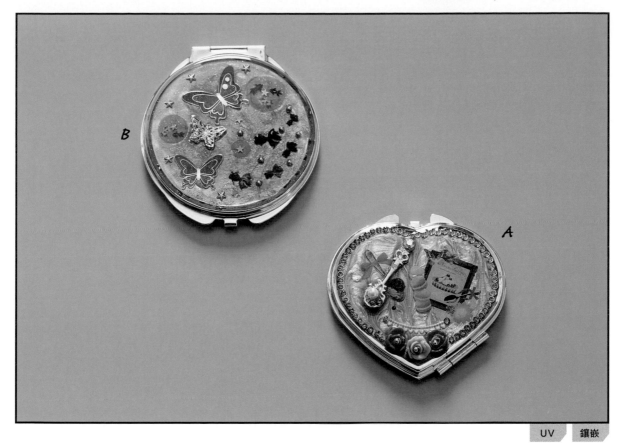

UV｜鑲嵌

裝飾小物

design: シフォン樹里

★☆☆☆☆

模型

裝飾小物
（表面有邊框的配件）

材料

UV膠

A
- 指甲油…珍珠粉紅
- 鑲嵌＆裝飾配件…貼紙數款、蕾絲（UV膠製作）、樹脂黏土配件（玫瑰）、金屬配件（湯匙）、珍珠、鍍金珠、水鑽（白色、粉紅色）
  →將UV膠染白色，放進蕾絲模型後，照燈1分鐘，作蕾絲配件。

B
- 指甲油…金蔥海藍色
- 鑲嵌＆裝飾配件…貼紙數款、鍍金珠、金屬配件（蝴蝶）

作法 A

1 在小物的裝飾面倒上指甲油，以竹籤或牙籤畫出流動的花樣。放置2天乾燥[背景]。

2 倒上薄薄一層UV膠，排上貼紙、樹脂黏土配件（玫瑰）[第一層]。
➤照燈2分鐘

3 薄薄倒上UV膠，排上蕾絲、水鑽（白色）後再灌少許UV膠[第二層]。
➤照燈2分鐘

4 倒上薄薄的一層UV膠，排上金屬配件（湯匙）、珍珠後再灌少許UV膠[第三層]。➤照燈2分鐘

5 注入一層薄薄的UV膠，水鑽（粉紅色）沿邊框排列[第四層]。
➤照燈2分鐘

作法 B

→參考A作法，作2層。
第一層：貼紙數款、鍍金珠／第二層：金屬配件（蝴蝶）

memo

適合裝飾の UV 膠

在平面裝飾貼紙及金屬配件時，最方便使用的便是UV膠，它不僅能在短時間硬化讓作業進行，也能薄薄地重疊灌入好幾層。

A-1

basic : *epoxy resin*
環氧樹脂の基本用法

環氧樹脂是將主劑及硬化劑混合後，
倒入模型內使其硬化作出形狀。

● 環氧樹脂の特徵&優點

//

環氧樹脂是連立體造型的形狀都能夠硬化的材料。即使黏性低、有氣泡時，也簡單就能去掉，能作出透明度高的成品是它的特徵。因為氣泡容易除掉，所以也容易用顏料上色，能夠染出漂亮的顏色。另外，不需要特別準備機具也能硬化，也是其中一項優點。

──\ 適合用在此時！/──

● 想要作出透明感

● 想要染出不混濁漂亮的顏色

● 想要作出有5mm以上厚度的造型或立體造型

製作重點！

與以UV燈製作的UV膠最大差異在於硬化時間。雖然依照作品大小也會有所不同，但到完全硬化必需要花1至3天的時間。若硬化的形狀是小、薄或細長形時，硬化會更加花費時間，因硬化形狀及環氧樹脂的使用量，也有可能要花上一個禮拜來硬化。此外，環氧樹脂也容易因為氣溫（室溫）影響，一旦溫度過低，會不容易產生化學反應，硬化就更花時間。另一方面，因它的黏度較低且容易流動，沒有辦法完成利用表面張力作出表面突起的成品。

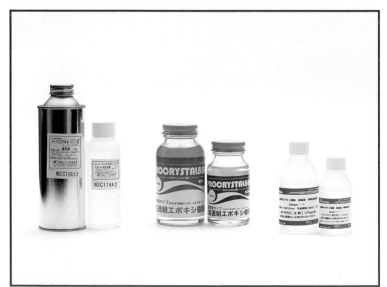

← 各式環氧樹脂

各家廠牌以不同名稱販售環氧樹脂。開始製作前，請先依據想作的東西及各家產品的特性，來找出適合自己作品的材料吧！

Craft Resin II Super Clear（日新樹脂）、Procrystal（テムコファイン）、高透明環氧樹脂（Blenny技研）

環氧樹脂製作必備工具

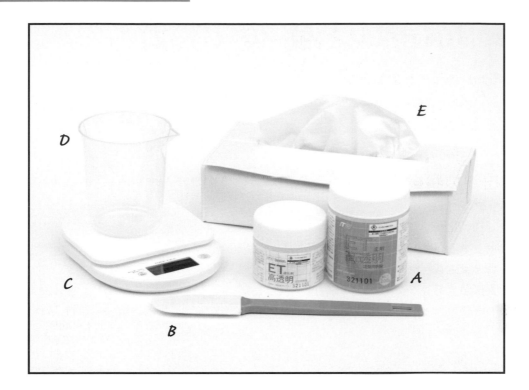

A: 環氧樹脂主劑＆硬化劑

由於是利用主劑和硬化劑混合產生化學反應硬化，所以主劑和硬化劑一定要使用相同品牌的產品。

※本書使用ITW PP&F JAPAN所生產的環氧樹脂Devcon。若使用其他產品時請依照使用說明書作業。

B: 橡皮刮刀

混合主劑及硬化劑。使用適合量杯大小的刮刀。

C: 電子秤

用來正確量測主劑及硬化劑的容量，為了能正確量到以1g為單位，請使用電子式量秤。

D: 塑膠量杯

在混合主劑及硬化劑作環氧樹脂時使用，最好使用內側沒有凹凸不平，底部為圓弧形的量杯，請勿使用玻璃製量杯。

E: 衛生紙

為了處理使用後的工具，請先備妥。

請注意環氧樹脂的用量！

環氧樹脂是藉由化學反應硬化，分量少可能會造成無法硬化、大量製作造成發熱急速硬化，請以適當的分量作業。
請在最少主劑10g：硬化劑5g以上，最多主劑100g：硬化劑50以下的分量內作業。

---

memo

不要以棒狀工具攪拌！

免洗筷或攪拌棒等棒條形狀的工具，可能會造成未充分混合的可能性變高！量杯底部的主劑沒有與硬化劑充分混合、產生混濁的環氧樹脂，這是硬化不良或黏著的原因，以橡皮刮刀刮拌量杯內側，充分攪拌整體是相當重要的！

作業後的整理…

由於環氧樹脂為非水溶性，作業後不是以水清洗，而是以衛生紙擦拭，將垃圾放進塑膠袋內密封後丟棄，沾到手時以洗碗精及牙膏清洗就很容易去除，放著使用後的量杯開始硬化時，放至硬化後，以手稍微將量杯扭曲，取出環氧樹脂，這時建議使用塑膠手套作業。

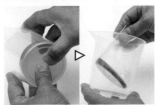

環氧樹脂基本用法

製作環氧樹脂

point

由於從寬口瓶直接倒到量杯，會不容易調整用量，先裝到瓶嘴細小的軟瓶中使用時會比較方便。

1

將主劑倒進量杯測量（此處測量30g）

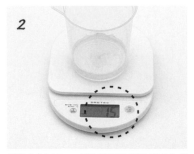

2

相對主劑以2：1的比例倒入硬化劑（此處為15g）。

point：為了讓主劑及硬化劑能夠充分混合，將環氧樹脂以微波爐加熱5至10秒。

3

以橡皮刮刀混合，直到主劑的透明線條看不見為止，確實從底部及側面挖拌混合。

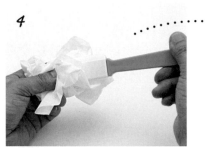

4

若主劑及硬化劑沒有充分混合，而附著在橡皮刮刀上，這時以衛生紙擦拭橡皮刮刀。

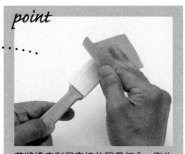

point

若將橡皮刮刀直接放回量杯內，衛生紙屑很有可能會混進環氧樹脂內。以膠帶黏取刮刀上的灰塵，保持環氧樹脂的乾淨，才能作出漂亮的成品。

5

使用品質良好的環氧樹脂作業，到這個步驟也不太會混進氣泡，就算混進細小氣泡，暫時放置後，氣泡會自然消失。

再次在量杯內充分攪拌，主劑的透明線條攪拌到看不見時，就完成了充分混合主劑及硬化劑的環氧樹脂。

→在此步驟上色（詳細作法參考P.30）

memo

環氧樹脂使用溫度

・最佳溫度是室溫20℃。氣溫太低會造成環氧樹脂黏性變強，容易產生細小的氣泡。

・黏性變高時，以吹風機將量杯底部稍微溫熱，讓環氧樹脂變柔軟就好喔！

在底座灌膠硬化

1

慢慢將環氧樹脂灌進底座（背景使用紙膠帶），以竹籤或牙籤將氣泡戳破挑掉。

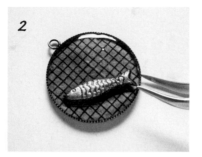

2

放進想鑲嵌的配件（此處放入魚形配件），接著在上面再灌少許環氧樹脂。

3

平放在不容易有灰塵的位置，讓它硬化。觸摸膠品表面，沒有黏手感確實固化就OK！

4

環氧樹脂藉表面張力作成鼓起的樣子。少許硬化後重疊灌膠，也能夠作出立體的形狀。

point

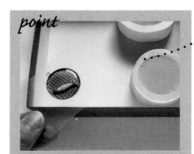

比起UV膠，環氧樹脂所要花的硬化時間更多。硬化中，保管時要注意不要沾染到灰塵。沒有蓋子設計的保管容器時，以點心盒的蓋子覆蓋吧！挑選平坦不容易震動，以及小孩和寵物不會接觸到的場所收納。

各式各樣的底座

飾品用底座有各種形狀，選擇有邊框，環氧樹脂不會外流的形狀使用，這樣也可以利用表面張力作出稍微鼓起的成品。

memo

關於硬化

・環氧樹脂硬化要花24至72小時。最少也要放置24小時不要碰觸喔！

・因為是利用化學反應硬化，用量少時，細薄形狀的硬化也會變慢，環氧樹脂硬化的適合溫度為20至40℃。依照季節及地區硬化需要的時間也會有所不同。

・環氧樹脂硬化時約收縮2％左右。

以模型翻模

point

使用矽膠膜製作，硬化好的樹脂在脫模時會很順利。再加上使用脫模劑脫模狀況會變得更好，為了不傷到膠品保護模型，比較建議使用脫模劑製作。

1

在矽膠模噴上脫模劑。

2

灌進膠，產生氣泡就以竹籤或牙籤戳破。

3

放24個小時以上，硬化後脫模，請注意不要讓毛邊割到手指。

4

毛邊處理前　　　毛邊處理後

脫模後的狀態，在灌膠那面會有一圈毛邊。

5

以刀片去除毛邊，若不習慣使用刀片，跳過這部分，請參考P.27去毛邊作業。

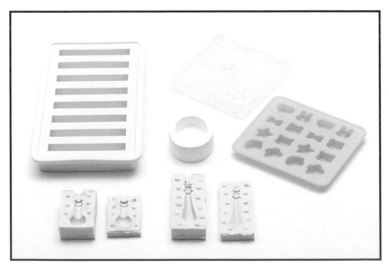

← **各式各樣的模型**

環氧樹脂使用的模型，不像UV膠模型需要紫外線照射，所以沒有一定要使用透明模型。以矽膠模（再加上脫模劑）來作，就不會發生無法脫模的狀況。但若以甜點用或製冰器等非手工藝用模型，會因模型的材質造成膠品表面不平或混濁，在使用新模型時，先試作1至2個後再量產吧！

technique 1 去毛邊 | 除掉膠品從矽膠模取下時的多餘樹脂

1

先以剪刀剪掉大塊的毛邊，再以銼刀研磨成喜歡的觸感，首先以金屬銼刀作粗磨。

2

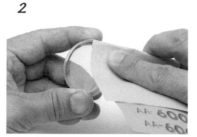

再以砂紙（400至600號）打磨。

3

也可使用磨指甲用的拋光棒，就像是整理指甲一樣，能夠以點來修整，比起砂紙更不容易傷到表面，適合初學者使用。

technique 2 作出光澤 | 為了不降低環氧樹脂的透明感，作成有光澤的完成品。

1

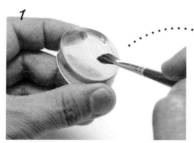

以平筆塗上快乾漆後，使其乾燥。為了不留下筆痕，塗抹時，筆一次塗抹不要回塗是製作技巧。

point：從含有快乾漆的筆根開始塗抹，將筆內側的空氣排出透明樹脂，就不容易產生氣泡。

point

透明快乾漆也很適合用來完成有凹凸起伏的作品，也可以塗UV膠硬化後作出光澤。

memo

也可以經由拋光作出光澤

以快乾漆及UV膠製作，可以在短時間內簡單作出光澤。另一方面也可以經由拋光，在作品表面作出光澤（詳細作法參考P.74）。雖然會花比較多的時間，但是能夠作出有沉穩氛圍，並帶有高級感的作品。依作品設計選擇喜歡的作法試看看吧！

technique 3 製作霧面 | 作出磨砂玻璃的霧面感。使用無光澤快乾漆噴霧製十分方便。

1

噴上無光澤快乾漆後乾燥，就算是相同的上色方法，作成無光澤面後給人的印象也不同。

point

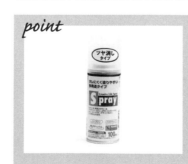

與有光澤快乾漆一樣，也能用在有凹凸起伏造型的作品。作出帶有霧面質感般的美麗成品。如果只想表現在作品的一部分上，先貼上紙膠帶後，再作業吧！與作出光澤一樣，也可以經由研磨完成（詳細作法參考P.74）。

Q&A

Q 環氧樹脂の主劑和硬化劑，可以用量杯來量嗎？

A 不是以容量，請一定要以「重量」計算

環氧樹脂的主劑和硬化劑的重量，一定要按照製造商所指定的比例正確測量。由於主劑和硬化劑的液體比重不同，以容量測量會產生誤差。很多人以為多加入硬化劑就可以早點硬化？這是錯誤觀念，它會造成硬化不良，請依照正確的分量使用吧！

Q 環氧樹脂硬化的完成品，就像橡皮一樣柔軟，是硬化不良嗎？

A 作小&薄的造型時，要比一般作品花更多的硬化時間

灌膠後放置三天，或以電熱毯及熱敷墊溫熱半天來幫助硬化吧！若這樣還是很柔軟，應該就是硬化不良了！

Q 有不讓膠水變色的方法嗎？

A 接觸到紫外線和空氣就會變黃

環氧樹脂有著紫外線曬到及接觸到空氣就會變黃的特性。但是會變色的不光是環氧樹脂，紙張和布料、木製品、塑膠製品也會發生。使用不容易變黃的膠水，保管時，放在不容易直接曬到陽光的地方，小心使用吧！由於膠水變色的原因不光是紫外線，就算塗上防曬劑，也無法完全防止變色喔！

Q 為什麼環氧樹脂一直都是液體狀態，沒有辦法硬化呢？

A 測量上有誤差或混合不充分

暫時放兩天觀察看看吧！若還是呈液體狀，就算是放再久也不會硬化。

Q 環氧樹脂作好的完成品會發生變形嗎？

A 具有40℃左右的熱度就會變軟的特性

請不要放在車內及陽光直射的窗邊、密閉房間等溫度升高的場所。因為高溫而變軟的環氧樹脂，冷卻後就會回到原本的硬度，不會因為加熱而溶化。

Q 環氧樹脂能作出大型作品嗎？

A 透明樹脂（主劑＋硬化劑）使用量以150g以下為基準

由於是以化學反應硬化，要作5cm×5cm以上的大小，會產生急速的化學反應，硬化成歪斜的形狀。如果要作比這還要再大的尺寸，會因為化學反應的高溫讓樹脂焦黑，更可能因為太熱，而造成膨脹破裂的狀況，非常危險！請注意最大的用量要維持在150g以下。

特別是塊狀作品，它的化學反應很快，容易會出現上述的狀況，相同分量鋪成寬薄或細長形狀，就能按照一般方式硬化。

LESSON

2

上色 & 鑲嵌

學會使用UV膠後，都會想要試試看上色及鑲
嵌的兩大技巧吧？雖然只是「混合就好」、
「放進去就好」的簡單技巧，但要作出更漂亮
的作品，還是得再多花一些功夫的，為避免出
現產生氣泡或鑲嵌材料變皺的狀況，請確實記
住基本技巧吧！

basic : coloring

上色基本技巧

正因為使用透明樹脂，才能享受到上色的樂趣，
表現透明色、牛奶色、混色等各式作法。

◆ 樹脂上色效果

///////////////////////////////////////

將透明樹脂上色，能表現的範圍更為寬廣，也能作到保持透
明感的狀態下上色，能看得見鑲嵌素材，也能以不透明色彩
的樹脂作為背景，搭配透明樹脂使用就能營造出作品的遠近
感。

硬化後的上色！

雖然使用無色透明樹脂才能體會到上
色的樂趣，但在硬化的膠品上塗色也
是一種表現技法。技法雖然簡單，但
由於塗上的顏色可能會剝落，所以在
上面再塗上一層膠硬化吧！

上色必備工具

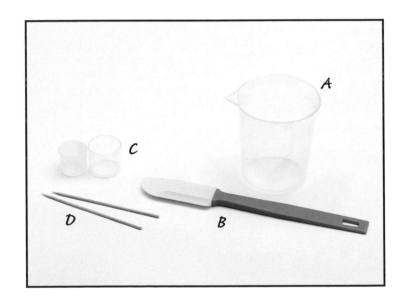

A: 塑膠量杯
用來倒入想要上色的樹脂，不能使用玻
璃製量杯。

B: 橡皮刮刀
確實混合樹脂及顏料，詳細作法請參考
P.23。

C: 小型塑膠杯、矽膠杯
將顏料及少量樹脂混合時使用。

D: 竹籤
在以小型容器進行混色時使用。

memo

小型容器是相當方便的工具喲！

若家中有類似噴漆罐的蓋子等塑膠容
器，或便當用的矽膠杯等小型容器
時，就先保存起來吧！在樹脂上色時
可以派上用場。

各式上色材料

\ 也能使用這種材料！/

↑ 樹脂顏料

透明色上色時使用。透明樹脂容易上色，保持透明感並作出沒有混濁的成品，在將透明樹脂染色時，不要搖晃瓶身，使用上面清澈的部分就好。

樹脂顏料SDN（大阪化成品）

↑ 其他、樹脂顏料

各家品牌都有販賣樹脂顏料。找到自己喜歡的成品、顏色使用吧！

樹脂用顏料（Blenny技研）、PureColor（Five-c）※也可以使用氨基鉀酸酯。

↑ 墨水

水性顏料的優點，在於有著豐富的色彩。就算不作調色，也容易就能找到喜歡的顏色，但顏料還是分有容易混色和不容易混色，先以少量的樹脂混色吧！

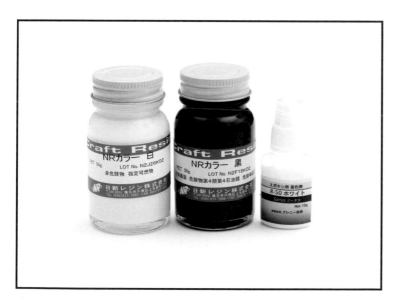

↑ 樹脂顏料

由於顏料比起染料的粒子來得大，沒有辦法完全溶解於透明樹脂，形成小粒子分散狀態，能染出混濁的色彩。因此適合用在想要作出白濁色、和其他顏色混成牛奶色時使用。

NR Color（日新樹脂）、樹脂用顏料不透明色（Blenny技研）

↑ 塗料

有琺瑯系、壓克力系塗料。由於顏料加太多會造成硬化不良，請將比例控制在樹脂整體的3%以下。壓克力系塗料比琺瑯系更容易造成硬化不良，使用時請注意。

TAMIYA Color 琺瑯塗料（TAMIYA）、TAMIYA Decoration Color（TAMIYA）

上色基本作法

染料（染透明色系）

1 將染料加入透明樹脂，慢慢加入少許，調整顏色的深淺。

2 以橡皮刮刀緩緩攪拌整體，確實拌至顏色混合均勻。

注意不要加入過量顏料！

透明樹脂加入染料時，儘可能保持少量，添加過量會造成硬化不良，讓透明樹脂無法硬化。

顏料（牛奶色）

取少量透明樹脂，混合顏料。

point：由於將顏料一次直接倒入想上色的透明樹脂，會沒有辦法充分混合，所以少量製作上色的透明樹脂，將它和全體混合吧！

2 配合分裝容器尺寸，以竹籤工具確實混合透明樹脂。

3 將混好顏料的透明樹脂加在剩餘透明樹脂內混合，藉著透明樹脂互相混合，能染出沒有色差的漂亮顏色。

墨水

1 取少量透明樹脂，混合墨水。

point：由於將顏料一次直接倒入想上色的透明樹脂，會沒有辦法充分混合，所以少量製作上色的透明樹脂，將它和全體混合吧！

2 配合分裝容器尺寸，使用竹籤工具確實混合透明樹脂，與專用的染料相比起來不容易混合，請仔細攪拌。

3 將混好墨水的透明樹脂加在剩餘透明樹脂內混合，藉著透明樹脂互相混合，能染出沒有色差的漂亮顏色。

technique 1 水波紋花樣 | 不充分混合染色料，作成水波紋花樣。使用深色顏料就能強調出濃淡，作出顏色分明的花樣。

1

將透明樹脂注入模型中，大約經過3小時，再以竹籤及針具沾顏料，慢慢加進透明樹脂。

point: 因為透明樹脂的熱度會讓顏色散開，等透明樹脂穩定後再開始作業。

2

慢慢放入竹籤移動，畫出花樣。若移動速度太快會攪拌進氣泡，請特別注意！重複幾次畫出喜歡的花樣後，放入保鮮盒在冰箱冷卻半日，以固定花樣。

3

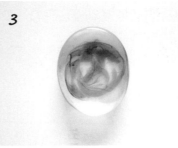

從冰箱取出後，繼續在保鮮盒裡放一天，讓它乾燥。

technique 2 心形 | 以竹籤作水波紋花樣的應用款。像咖啡拉花一樣畫出心形。

1

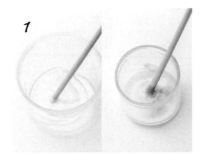

以竹籤沾染不透明色系的樹脂，重點加在透明樹脂內。

2

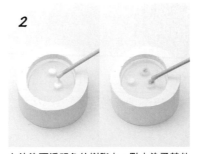

在沾染不透明色的樹脂上，點上染了其他色彩的透明樹脂。

3

竹籤在 *2* 的中央往下拉畫，稍微拉畫透明樹脂就會移動，作出心形。

point: 與水波紋花樣（2至3）一樣，加上花樣後放進冰箱半天冷藏硬化。

---

memo

UV膠上色

在將樹脂灌入底座或模型前，先將UV膠分到小型容器上色，上色後為了容易注入，推薦使用量匙。由於黏性強，也會有顏料不容易混合的狀況，此時以微波爐加熱10至15秒，讓透明樹脂變軟後，顏料會容易混合。

※注意不要使用鋁等金屬湯匙。

UV膠要使用紫外線可以穿透的透明顏料，使用紫外線無法穿過的顏料可能會造成無法硬化。

透明顏料pikaace（clutch）

sample :
各種上色技巧
. . . .

不光是透明色系及牛奶色系，有著可以改變濃度、混合顏色、混入金蔥粉等…
各式各樣的表現方法。

▎以染料上色の透明色系

a: 使用粉紅、咖啡色單色染料。左邊為加入少量染料作出高透明度，就算是相同染料，只要增加用量，就能有像右圖一般的深色。

b: 以染料混色作出的顏色。上方為紅色+藍色染料作成紫色，下方為藍色+黃色染料作成綠色，透明色系染料互相混合，就能確保透明度。

▎以塗料上色

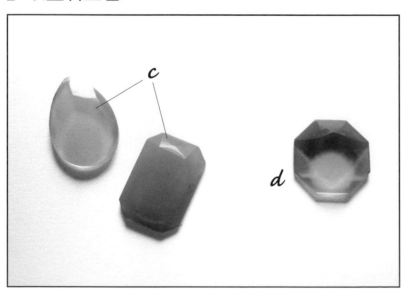

c: 以琺瑯系塗料上色，上方為少量上色、下方為色彩稍微濃一些的成品，比起透明染料更容易確實上色。

d: 以壓克力系塗料上色，比琺瑯系更容易造成硬化不良，請注意用量。

顏料（＋染料）上色の牛奶色。

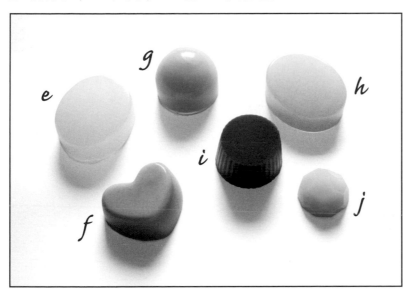

e: 只以白色顏料上色。完成不透明的白濁色彩，這個白色和其他顏色染料混合就會成為牛奶色系。

f: 粉紅色染料＋白色顏料。依據各種染色料的分量，粉紅色的深淺會有所變化。

g: 藍色染料＋白色顏料作出水藍色牛奶色。

h: 黃色染料＋白色顏料。

i: 咖啡色染料＋白色顏料染成巧克力色。

j: 就算不加足顏料，以單色在牛奶色系作成不透明顏料（PureColor・淺藍色）

其他上色（加入金蔥、花樣圖案色彩等）

k: 無染色的透明樹脂加入三色的色粉（綠色、藍色、白色）。就算不使用染色料，混合的色彩就給人不同的印象。

l: 加入金色金蔥。左邊是染成橘色的透明樹脂、右邊是無染色的透明樹脂。

m: 透明樹脂同時加入兩色染料（藍色、綠色），在正中間自然混合硬化。由於硬化中也會和透明樹脂對流，剛注入的樣子和完成的花樣會不一樣。

n: 在以白色顏料染的不透明樹脂，加入少許的藍色染料後，以竹籤稍微畫一下。在不透明色彩中，染料的深色會上浮成為花樣。

環氧樹脂　著色

六色閃爍の彩虹鍊墜

design：シヅクヤ

★★☆☆☆

模型

直徑1cm的珍珠奶茶用吸管

point：在珍珠奶茶用吸管貼上膠帶，作底部後使用。由於硬化後要以剪刀剪開吸管取出，吸管的長度比注入的透明樹脂再高1cm左右。以鉗子夾住來剪斷吸管吧！當然也可以製作圓柱形的原型，翻雙面模也OK！

材料

環氧樹脂
顏料…染料（紅色、黃色、橘色、綠色、藍色、紫色）
快乾漆（光澤）
飾品素材…T針、花座、鋁片玫瑰、連接配件、古典線材、鍊條

作法

1　模型注入染成紫色的樹脂。
　　➢硬化

2　將剩下五色各色硬化，作出六層。
　　➢硬化×5

3　脫模後，去毛邊研磨。

4　塗快乾漆，表現出光澤。

5　以手拿鑽開孔，插上穿有花座、鋁片玫瑰的T針（UV膠照燈5分鐘，黏接）。

6　鉤接連接配件，接上鋁片玫瑰。

7　接上鍊條。

memo

作出寬度一致的每一層

六層要作出均一寬度，所以注入的透明樹脂用料要相同，將染色樹脂倒入滴管，先決定每次要滴入的次數吧！

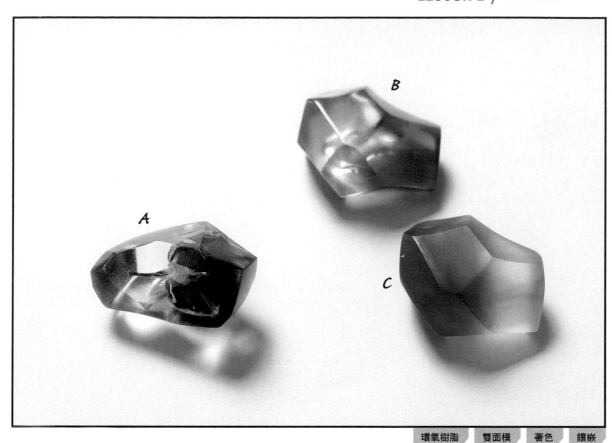

環氧樹脂　雙面模　著色　鑲嵌

天然石風格透明樹脂配件

design：シヅクヤ

☆☆☆☆☆

模型

原型（玻璃石）

矽膠
→以原型翻雙面模。

材料

環氧樹脂
顏料…染料（[A]茶色[B,C]紫色）
快乾漆（光澤）
鑲嵌素材…乾燥花（[A]玫瑰）

作法

1　閉合模型，注入透明樹脂。
　　➤硬化
　　[A]放進乾燥花後閉合模型，注入染成茶色的樹脂。
　　[B][C]先注入染成紫色的樹脂後，慢慢倒入透明樹脂。

2　脫模後，去毛邊研磨。[C]以砂紙加工成霧面。

3　[A][B]塗快乾漆，作出光澤。

memo
交界線染成模糊的色彩
在硬化前將兩色樹脂注入相同模型，顏色的交界處就會不明顯，營造出想要的印象。同時注入會完成稍微混合的成品，各色分開注入則能完成有著各色濃淡的成品。

37

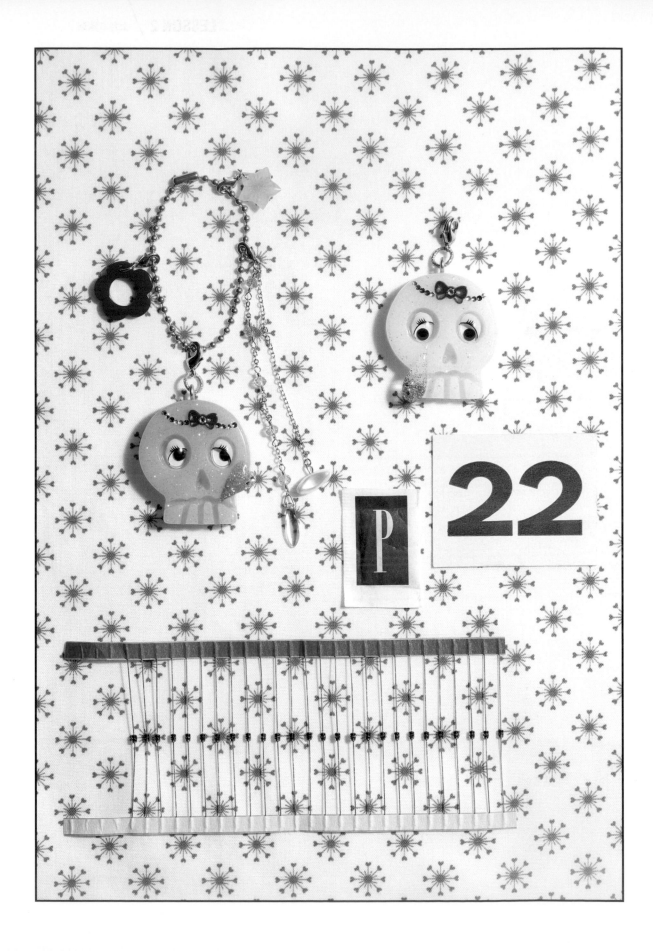

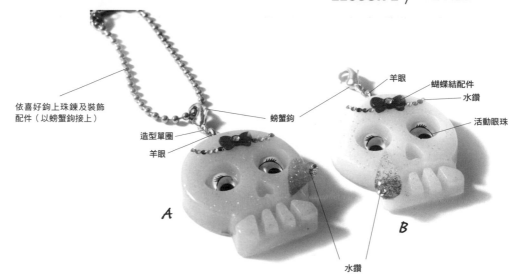

依喜好鉤上珠鍊及裝飾
配件（以螃蟹鉤接上）

造型單圈

羊眼

螃蟹鉤

羊眼

蝴蝶結配件

水鑽

活動眼珠

水鑽

A

B

環氧樹脂　單面模　著色

牛奶色骷髏花樣

☆☆☆☆☆

design : SUPERPOP☆COLLECTIVE8

模型

骷髏形狀的模型

材料

UV膠
環氧樹脂
裝飾素材…蝴蝶結配件、數種水鑽、活動眼
珠
飾品素材…羊眼、造型單圈、螃蟹鉤
顏料…[A]染料（粉紅色）、顏料（白色）
+亮粉，[B]顏料（白色）+亮粉

作法

1 透明樹脂染不透明，混入亮粉後倒
入模型。➤硬化

2 脫模後，去毛邊研磨。

3 在透明塑膠片倒上UV膠，混合亮
粉。作成心形和淚滴形狀。
➤照燈2分鐘

4 將水鑽黏接在3的UV膠片上。
➤照燈2分鐘

point : UV膠片從塑膠片剝下，以
剪刀整理形狀。

5 在2以UV膠黏上4及裝飾素材。
➤照燈2至4分鐘

6 以手拿鑽開孔，插入羊眼（以環氧
樹脂黏接）。羊眼接上造型單圈、
鉤上螃蟹鉤，依喜好穿過珠鍊。

3

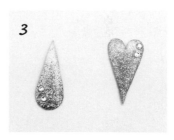

memo

有厚度的膠片就以環氧
樹脂製作

想要作5mm以上厚度形狀時，
UV膠有可能無法硬化。要作
有相當厚度的膠品時，使用環
氧樹脂會較有效率，黏接裝飾
素材時則利用UV膠，依用途
靈活運用吧！

環氧樹脂　單面模　著色

地球鑰匙圈

design : SUPERPOP☆COLLECTIVE8

★★☆☆☆

模型

直徑6cm的圓形

材料

環氧樹脂
顏料…琺瑯塗料（天空藍）、壓克力塗料
（夏威夷藍、牛奶色）
鑲嵌素材…OHP膠片（插圖、文字）
飾品素材…羊眼、造型單圈、鍊條

作法

1 將透明樹脂分別染上天空藍、夏威夷
藍、牛奶色。

2 在模型內注入少許夏威夷藍，在上方注
入天空藍的樹脂，以竹籤輕輕繞續，以
雙色作成水波紋花樣。➤硬化

3 放上OHP膠片（插圖），注入透明樹脂
（無染色）。➤硬化

4 硬化途中，滴入少量夏威夷藍和牛奶色
樹脂（無染色），以竹籤輕輕繞畫出花
樣。➤硬化

5 脫模，放上OHP膠片（文字）後倒上透
明樹脂（無染色）。利用表面張力讓邊
緣呈現圓弧。➤硬化

6 手拿鑽開孔，插入羊眼（以環氧樹脂黏
接），羊眼接上造型單圈、鍊條。

memo

**在硬化途中
加入顏料**

在透明樹脂加入顏料，顏料
也會在樹脂內移動，要這樣
作出水波紋花樣會有點困難
喔！讓它少許硬化，樹脂產
生黏度時加入顏料是重點！

環氧樹脂　單面模　鑲嵌　著色

企鵝透明墜子

*design：*みどり堂

★★☆☆☆

模型

原型用石粉粘土
矽膠
　→以油土作【正方形的寶石形狀】，以
　矽膠翻模。

材料

UV膠
環氧樹脂
顏料…塗料（透明藍）
鑲嵌素材…印刷在高畫質紙上的插圖（企
鵝）
※由於是將兩面貼合，所以印2張
飾品素材…9針、單圈、鍊條、珍珠
※鍊條鉤單圈接上珍珠

*point：*插圖用UV膠在正反面上膠，就能夠
預防滲染及變色。

作法

1　模型倒入淺淺一層透明樹脂。▶硬化

2　注入薄薄的透明樹脂，放進插圖（企
　鵝）。▶硬化

3　將模型倒滿透明樹脂。▶硬化

4　脫模，去毛邊。

5　將染成透明藍的樹脂塗在膠片下半部
　（正反面）。▶正反面各照燈1分鐘

6　在5塗UV膠部分重疊塗上UV膠（無染
　色），作上膠。▶正反面各照燈1分鐘

　*point：*側面記得也要塗上。

7　在反面放上9針（預先剪短），倒上UV
　膠。▶照燈2分鐘

8　再注入UV膠，確實覆蓋注入反面。
　▶照燈2分鐘

9　9針鉤上單圈，接在鍊條上。

---

memo

以筆作部分上色

用來塗抹上色的UV膠，可以
在重點位置染上顏色，將筆
浸入UV膠，排掉空氣後再使
用。

反面

9針

basic : inclose

鑲嵌基本作法

透明樹脂能夠封入各式各樣的物品，
記住可以作出更美的鑲嵌樹脂技巧吧！

⬢ 鑲嵌重點

//

透明樹脂鑲嵌素材時，要注意的是盡可能不要產生氣泡。有
著凹凸起伏的複雜造型及其中含有空氣的素材，在注入透
明樹脂後硬化的期間，透明樹脂內會產生氣泡。盡可能去除
掉氣泡，或預先作好不要讓氣泡產生的處理。還有，有正反
面、上下左右分別的素材，依照使用的模型和底座，哪面會
成為作品正面，請不要弄錯！

> **注意含有水分的素材、食品！**
>
> 含有水分的素材不適合用來鑲嵌，封在透明
> 樹脂內的水分，會因為熱氣蒸發，使得透明
> 樹脂內側呈現白濁，另外，植物的花、葉和
> 果實，在未乾燥的狀態下放進樹脂內會變
> 黑，請一定要先乾燥後，再鑲進透明樹脂
> 內。糖果、餅乾等，含有砂糖的材料作鑲嵌
> 時，就算覆蓋上薄的樹脂，也會因為熱度造
> 成融化的糖分浮在樹脂的表面。

\ 這是基本的製作順序！ /

使用底座時	使用模型時
（上方為作品正面）	（模型底部為作品正面）

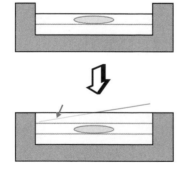

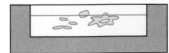

第一層硬化後，第二層再注入少許樹脂，讓素材稍
微下沉放置，接著再注入透明樹脂。放上素材後才
注入透明樹脂，會容易在第一層及鑲嵌素材中留下
氣泡。

第一層會成為作品正面到鑲嵌物的深度，第一層不
確實硬化，可能會造成放入有重量的素材下沉，請
注意。

technique 1　紙・布

透明樹脂容易滲入，鑲嵌前會發生變色或透光的狀況，藉由事前的處理，可以減少這種狀況發生。

塗調和油

先塗繪畫用媒材的調和油，可以讓透明樹脂不容易滲染，塗上後確實放乾燥再來使用。

以UV膠作表面上膠

將素材鑲嵌進透明樹脂前，先以UV膠在正反面上膠，由於馬上就能硬化，不會染色，另外鑲嵌進透明樹脂時不容易產生氣泡。

point

會透光時在反面上色

因為浸入透明樹脂而造成透光，看得到反面時，從反面塗壓克力顏料（白色），防止透光。

technique 2　珠珠・金屬配件類

不會滲染，容易處理的素材。學會運用小技巧，處理地更為細緻吧！

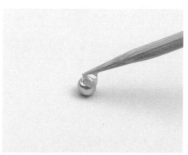

在珠子開孔滴上透明樹脂

在有孔珠子灌進透明樹脂，會從開孔排出空氣造成氣泡產生，預先在開孔塗上透明樹脂較好。

也可以作出立體排列

有著可愛設計的配件是容易使用的素材，使用稍微大的配件，也可以作成從透明樹脂突出的設計。

technique 3　透明貼紙・OHP膠片

與紙張比起來，有不容易產生氣泡及圖畫、文字以外部分為透明的優點。

memo

什麼是OHP膠片

能夠印刷插圖及照片的透明膠片，由於依照製造商分有墨水用及雷射印刷用等種類，準備使用的印表機和墨水吧！印刷部分以外在硬化後幾乎會看不見，能作出帶有透明感的作品。

減少多餘的背景

雖然說是透明背景，但還是盡量剪掉多餘部分。

UV　環氧樹脂　單面模　反面雕刻

鑲入配件の馬卡龍鑰匙圈

☆☆☆☆☆

design：シフォン樹里

模型

原型用石粉粘土
矽膠
　→以油土作【1/2馬卡龍形狀】原型，再
　以矽膠翻模。

材料

環氧樹脂
顏料…染料（粉紅色）、顏料（珍珠
色）
發泡劑
A　顏料…染料（粉紅色）
鑲嵌素材…樹脂黏土配件（玫瑰）、
金屬配件（花朵、愛麗絲）、貼紙、
珍珠
飾品素材…羊眼、鑰匙圈配件

環氧樹脂
顏料…染料（黑色）、顏料（珍珠
色）
發泡劑
B　顏料…染料（深粉紅色）
鑲嵌素材…樹脂黏土配件（玫瑰）、
金屬配件（花朵、小叮鈴）、貼紙、
珍珠
飾品素材…羊眼、耳機塞配件

作法　A

1　模型倒入少量透明樹脂，放進金屬配件
　（花朵）、貼紙（文字、撲克牌、兔
　子）。➤**硬化**

2　倒入少量透明樹脂，放進金屬配件（愛
　麗絲）、樹脂配件（玫瑰）、珍珠。
　➤**硬化**

3　注入少量透明樹脂，放進貼紙（時
　鐘）。➤**硬化**

4　將混合有粉紅染料及珍珠色顏料的透明
　樹脂倒入放滿模型。➤**硬化**

5　脫模，在上色部分以手拿鑽開孔插入羊
　眼。

6　將染成粉紅色的發泡劑注滿模型，取
　出。

　point：為了便於黏接，使用剪刀將粗糙
　部分修為平坦狀。

7　5與6以透明矽膠黏接。

8　在羊眼鉤上鑰匙圈配件。

作法　B

→參考作法A，製作上下不同色的馬卡龍，安裝
在耳機塞上。

4

5

6

正面　　　反面

technique 4 樹脂黏土配件 | 可作出專屬自己的獨創配件，請注意作品的完成尺寸。

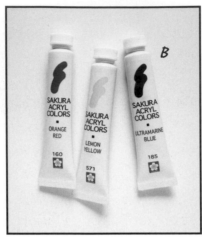

製作樹脂黏土配件 必備工具

A: 樹脂黏土

自然乾燥硬化的黏土。有容易染色的白色、紅色、黑色等染色無法表現出來的深色色彩。

B: 顏料

以水彩顏料或壓克力顏料混合樹脂黏土使用。

樹脂黏土配件（玫瑰）

1

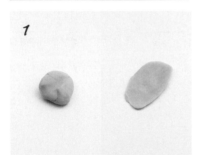

黏土上色，輾成薄片，用來當作花芯及花瓣。

2

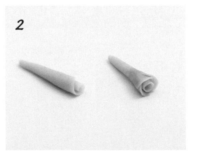

將擀成薄片的黏土捲起來作成花芯，周圍再接上花瓣。

3

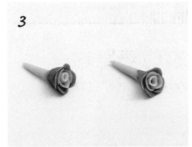

花瓣重疊黏上，往外展開（此處使用其他顏色）。

4

剪掉花芯尾端完成。

point

利用有色黏土

此處使用染色用樹脂風黏土Grace Color。黏土不會黏手，容易處理。使用顏色為粉紅、紅色、藍色。

memo

確實乾燥後再鑲嵌

讓樹脂黏土確實放2至4天，乾燥後再鑲嵌進透明樹脂。由於乾燥後的成品能夠長時間保存，製作樹脂黏土配件時，需要其他的小物件，也可以一起製作。

環氧樹脂　單面模　著色　鑲嵌

玫瑰棒狀鑰匙圈

design: シフォン樹里

☆★☆☆☆

模型

條棒形的模型（製冰器）

材料

環氧樹脂
顏料…染料（粉紅色）、顏料（白色）
鑲嵌素材…樹脂黏土配件的玫瑰、珍珠、金屬配件、貼紙（蕾絲）
飾品素材…羊眼、鑰匙圈配件

作法

1 模型注入透明樹脂，放進貼紙（蕾絲）[第一層]。➤硬化

2 模型注入透明樹脂，放進玫瑰、珍珠、金屬配件[第二層]。➤硬化
硬化後灑上金蔥。

3 模型倒滿染粉紅色的樹脂[第三層]。➤硬化

4 脫模後，去毛邊研磨。

5 以手拿鑽開孔，插入羊眼。

6 接上鑰匙圈配件。

memo

不透明著色的魅力

以不透明樹脂染色當作背景，在透明部分鑲嵌進素材，作出能夠在作品活用樹脂的透明感，展現深色色彩也能讓人印象深刻的設計。

technique 5 乾燥花・押花 | 依造花朵性質及加工法，有透明樹脂容易滲透與不容易滲透的種類。

乾燥花

在鑲嵌時，像是要浸在樹脂內般，將乾燥花稍微下沉，讓它自然浮起的狀態硬化。若只是讓乾燥花浮起，透明樹脂及乾燥花間容易產生氣泡，為了讓花瓣間的氣泡容易排除，從花梗開始緩緩沉入。

由於立體又帶有厚度，所以使用有一定深度的模型或雙面模較好。花瓣重疊等有凹凸起伏的部分，直接浸在透明樹脂會容易產　生氣泡，事先以筆等工具塗上透明樹脂，再放進模型內就不容易產生氣泡。

押花

以鑷子夾花瓣時，會因為過於用力而傷到花瓣，透明樹脂也會從傷痕滲入素材，事先以UV膠上膠，就不用擔心作業中會有這樣的狀況發生。

浸在透明樹脂會透光的素材，先在反面塗上白色壓克力顏料，作成不透光的狀態即可，花瓣顏色也不會變薄，能確實顯色。

沒有塗反面　　有塗反面

由於呈現薄平面，適合用在底座和沒有厚度的模型。也適合用來作重疊多層的設計。雖然和乾燥花比起來不容易產生氣泡，但因　為種類也有許多透光的狀況，確實試作和預先處理（參考右圖）。

環氧樹脂　雙面模　鑲嵌

押花水滴形鍊墜

design：みどり堂

☆ ☆ ☆ ☆ ☆

模型

原型用石粉粘土

矽膠

　→以黏土作【水滴形】，再以矽膠翻雙
　　面模（參考P.58至P.61）。

材料

UV膠

環氧樹脂

鑲嵌素材

印刷在高畫質紙上的插圖（松鼠）

押花（忘憂草、油菜花、馬鞭草、「橘色、
白色」、百合、宿根草）

　→插圖、押花先以UV膠在正反面上膠，
　　就能夠預防滲染和變色，為了防止插圖
　　紙透光，在反面塗上白色壓克力顏料。

飾品素材

9針、單圈、鍊條（霧金色）

作法

1 模型[正面][反面]注入薄薄一層透
明樹脂。➤硬化

2 模型[正面]注入一層淺淺的透明樹
脂，放進忘憂草和插圖（松鼠）。
[反面]注入薄薄一層透明樹脂，放
進宿根草。➤硬化

3 模型[正面]注入一層淺淺的透明樹
脂，放進橘色馬鞭草、油菜花。[反
面]注入薄薄一層透明樹脂，放進白
色馬鞭草。➤硬化

4 模型[正面]注入淺淺的透明樹脂，
放進百合。➤硬化

5 模型閉合，注入透明樹脂。➤硬化

6 脫模後，取毛邊研磨出作品線條。

7 以束鉗開孔，插入9針（以接著劑
黏接）。

8 以UV膠在兩面上膠。➤照燈3分鐘

9 將9針鉤上單圈，接在鍊條上。

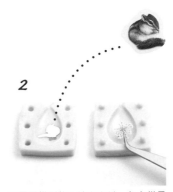

正反面模型放入鑲嵌素材，各自從最
外側的素材開始排放。

玫瑰 & 蝴蝶胸針

design：みどり堂

☆☆☆☆☆

模型

原型用烘焙土

矽膠

　→以黏土作【比押花稍微大的形狀】，
　　以矽膠翻模（參考P.56至P.57）。

材料

UV膠

環氧樹脂

鑲嵌素材…押花（玫瑰、葉片、花梗）
印刷在高畫質紙上的插圖（蝴蝶）
※由於是將兩面貼合，所以各印1張

飾品素材…胸針配件、9針、鍊條、單圈

point：插圖、押花先以UV膠在正反面上
膠，就能夠預防滲染和變色。

作法

1 將兩張插圖正面朝外，在中間夾
　進9針貼合，再以UV膠上膠。
　➤UV燈分別在正反面各照燈1分鐘

2 在模型薄薄注入一層透明樹脂。
　➤硬化

3 注入薄薄的透明樹脂，放進押花
　（玫瑰）。➤硬化

4 注入薄薄的透明樹脂，放進押花
　（葉片、花梗）。➤硬化

5 將透明樹脂灌滿模型。➤硬化

6 脫模後，去毛邊研磨。

7 手拿鑽開洞，插入9針（塗接著劑
　黏接）

8 表面塗UV膠，上膠作出光澤。
　➤照燈3分鐘

9 反面以接著劑黏上胸針配件，再塗
　UV膠埋入黏接面。➤照燈3分鐘

10 將9針鉤接上鍊條，鉤上步驟*1*
　作的蝴蝶。

---

memo

作配合想鑲嵌素材的模型

從原型開始動手作模型的優點，
就在於能自己作出喜歡的形狀，
雖然也可以配合模型決定設計，
但依照想鑲嵌的素材製作模型也
是一種樂趣！

環氧樹脂　單面模　鑲嵌

押花 ＆ 動物胸針

design：みどり堂

☆☆☆☆☆

模型

烘焙土
矽膠
　→以黏土作【比押花及插圖稍大的形狀】，以矽膠翻模（參考P.56至P.57）。

材料

UV膠
環氧樹脂
鑲嵌素材…押花（[*A*]水仙[*B*]玫瑰、葉片）
印刷在高畫質紙上的插圖（[*A*]鸚鵡[*B*]松鼠）
※由於是將兩面貼合，所以各印2張。
飾品素材…胸針配件

point：插圖、押花先以UV膠在正反面上膠，就能夠預防滲染及變色。

作法

1 在模型薄薄注入一層透明樹脂。➤硬化
2 注入薄薄的透明樹脂，放進押花（水仙或玫瑰）。➤硬化
3 注入薄薄的透明樹脂，放進插圖（鸚鵡、松鼠及葉片或玫瑰）。➤硬化
4 將透明樹脂灌滿模型。➤硬化
5 脫模後，去毛邊研磨。
6 表面塗UV膠，上膠作出光澤。
　➤照燈3分鐘
7 反面以接著劑黏上胸針配件，再塗UV膠埋入黏接面。➤照燈3分鐘

memo

押花反面塗成白色，防止透光

如使用水仙這類在注入透明樹脂時會透光的花朵時，以UV膠上膠後，為防止透光，在反面塗上白色壓克力顏料吧！

Q&A

Q 鑲進什麼都OK嗎?

A 請注意著作權歸屬

「含有水分的材料」等關於鑲嵌素材的性質請參考P.42。其他需要注意的則是含有著作權、肖像權的照片和畫、人物的畫像等。用來作為手工藝使用販售的材料是可以自由使用,但使用非設計供手工藝使用材料時則要注意。若是個人體驗製作上則沒有問題,一旦將製作的作品販售,就會產生侵害作者權利的問題。例如(非個人使用之目的)日本的郵票是禁止拿來作鑲嵌素材,不光是尚未使用的郵票,舊郵票也有著作權的關係,請避免拿來使用。

Q 不管什麼都可以上色使用嗎?

A 先與主劑混合看看吧!

取少量主劑混合看看,若能溶解就可作為上色顏料使用,但含有水分的材料並不適用。透明色顏料、油墨、不同材質的混合情形等,都會比較難上色,或是容易使顏色混濁,請多測試幾次再製作。

Q 為什麼上色的透明樹脂不會硬化?

A 重新確認分量及染料吧!

環氧樹脂如橡膠般保持柔軟時,有可能因為加入了過多的顏料而使材質變得不純,造成硬化不良。最重要的是不要加入過量的顏料,還有在UV膠使用了紫外線無法穿透的顏料,也會造成無法硬化。若想將UV膠上色就使用「透明顏料」製作吧!

Q 上了紅色的樹脂為什麼會越來越淺?

A 紅色是容易因為紫外線退色的色彩

這不只限於透明樹脂上色,而且也沒有預防的方法。

LESSON
3

矽膠模 & 翻模

當作品製作的越來越多，會變得越來越追求獨創性。以市售的模型製作太無趣了！有這種念頭時，就自己來作模型及原型吧！一開始先作容易製作的單面模和適合立體形狀的雙面模，當兩種類型都會製作了，作品的設計也會更為寬廣。

basic : *silicone mold*
矽膠模作法

學會製作矽膠模，就能將喜歡的形狀以透明樹脂翻模。
有平面的單面模及製作立體形狀的雙面模。

● 手作矽膠模優點

//

就算有想以透明樹脂作的形狀，想從市售品中找到完全一樣
的矽膠模，是非常困難的事情。

可以完成的作品！

● 能作出喜歡形狀的模型

● 只要有中意的原型，就能量產出模型

● 藉由雙面模的技法，可作出立體造型

要注意模型的劣化！

矽膠模在重複使用的狀態下，一定會造成模
型劣化。這點不管是市售模還是手作模都有一
樣的問題。由於模型劣化，與模型相接部分
的樹脂會呈現霧面，或翻不出漂亮的形狀。
因此在翻模後，需要再作研磨及切削等，作
品完成就需花上時間。雖然說根據原型和
使用的樹脂有所不同，但在使用10次以上
時，確認翻出來的樹脂表面及模型是否有傷
痕，有傷痕時就換成新的模型，完成漂亮的
作品吧！

關於原型

原型可以使用喜歡的成品，也可以
自己動手來作。
雖然可以將鈕釦及珠子等，身邊有
的小物當作原型使用，但由於要塗
快乾漆、埋進黏土裡，所以使用不
太容易弄髒（或弄髒也沒關係的素
材）（參考P.70注意事項）。
作獨創原型時，推薦使用石粉黏土
製作。

↑ 石粉黏土
粒子細緻的黏土乾燥後能作到像石膏一樣
的硬度，由於能夠切削或研磨，容易修整
形狀，適合用來製作原型。

memo
關於其他黏土

本書收錄的作品中除了用來製作原
型的石粉黏土之外，還使用了烘焙
土（ P.50、P.51、P.76、P.88）。 這
款黏土由於具有乾燥後也不會收縮
的特性，讓鑲嵌的插圖尺寸和形狀
更加具體，為了盡可能作出理想中
的形狀，請使用烘焙土製作。

54

矽膠模製作必備工具

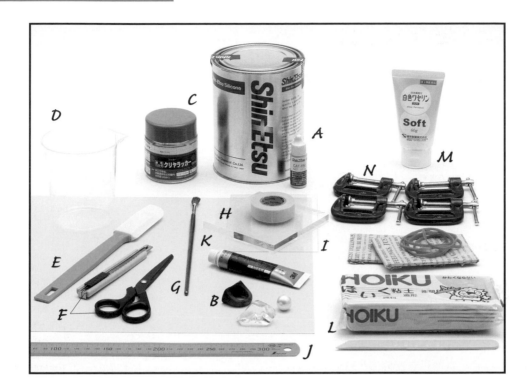

A: 矽膠主劑 & 硬化劑

以主劑及硬化劑混合產生化學反應硬化，主劑及硬化劑選用相同廠商的產品。

※本書選用信越化學工業的矽膠「KE-17」及「KE-12」。使用他牌產品時，請依照使用說明書使用。

B: 原型

想作成透明樹脂的形狀當作原型，由於要塗快乾漆或黏接著劑固定，使用髒了也沒關係的物品。

C: 快乾漆

為了容易將原型及矽膠模分開，請先塗上備用。

D: 塑膠量杯

混合主劑及硬化劑時使用。

E: 橡皮刮刀

混合主劑及硬化劑，準備適合量杯大小的刮刀。

F: 刀片・剪刀

裁剪矽膠模毛邊或圍板用厚紙板。

G: 筆

塗快乾漆。

H: 塑膠板・平坦的重物

用來黏接原型，灌矽膠用的底座，使矽膠可在平坦的面上作業。

I: 圍板用厚紙・膠帶

用來圍住原型，灌矽膠用的圍板，也可以裁剪衛生紙盒代替使用。

J: 量尺

測量原型的尺寸、裁剪厚紙板時對齊用。

K: 接著劑

用來將原型固定在塑膠板上。

取雙面模、雙面透明樹脂時需要的工具

L: 油土

用來埋住原型，由於不易與矽膠黏在一起且容易剝落，推薦用來作業。

M: 凡士林

為了不讓矽膠模相互黏在一起，請先塗上凡士林。

N: 型夾・平板・橡皮筋

確實固定矽膠模用。

使用後的整理……

用來作矽膠模的量杯及橡皮刮刀暫時放著，硬化後可以一口氣完整取下，就算在黏稠的狀態下擦拭清潔，也沒有辦法清理乾淨，暫時等到硬化後再來處理會比較好。

單面模作法

這裡使用信越化學工業的矽膠「KE-12」。「KE-12」材質柔軟，適合凹凸造型多的原型，翻模的成品容易脫模也是它的特徵。

製作原型，固定

1

以石粉黏土作原型，確實放到完全乾燥。

2

以砂紙研磨，將形狀、表面整理到滑順。原型製作的滑順漂亮，在最後灌透明樹脂時就能完成漂亮的表面，矽膠模也不易劣化。

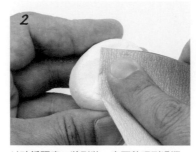

3

※這裡為了便於解說使用有顏色的快乾漆，也可以使用無色快乾漆製作。

塗滿快乾漆，請注意盡可能不留下色斑、筆跡。之後放置一天以上確實乾燥。原型表面作出光滑感，矽膠模內側＝透明樹脂也能完成漂亮的表面，又不容易傷到模型本身。

point

為了讓上快乾漆時，側面和底部的弧度也能容易塗上，在小底座（此處利用保特瓶蓋）貼雙面膠固定。

4

為了不讓注入樹脂時原型偏掉，以接著劑將原型固定在塑膠片上。在距離原型約5mm處圍上厚紙板作圍板，貼膠帶固定，圍板高度比原型高5mm左右。

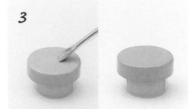

memo

關於圍板

以厚紙板來作圍板的優點，在於能夠依照原型的形狀作出圍板。以這種作法作圍板，能將使用的矽膠量減到最少。矽膠作成的方塊可重複使用，根據不同的形狀和大小，矽膠的用量也需作足準備。

注入矽膠硬化

5

倒入矽膠主劑和硬化劑，比例參考商品的使用說明書（這裡是100：1）。混合比例不用像製作透明樹脂時這麼精準也OK！

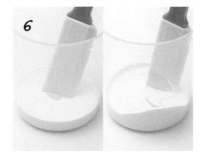

6

橡皮刮刀從硬化劑上插入開始攪拌，確實混合，底部及側面挖拌，緩緩地拌合。若快速拌合，會連空氣一起拌進去，容易產生氣泡，請注意。

7

從原型上方慢慢澆入圍板內，矽膠從原型側面往下流，會讓原型及矽膠間不容易產生氣泡，若從原型及圍板間注入矽膠，則容易有氣泡產生。

8

確實將矽膠注入到看不見原型。

9

將塑膠片稍微摺彎，慢慢從邊緣蓋上，請小心不要產生氣泡。

point

塑膠片上放上平坦的重物，讓矽膠表面呈平坦，由於這面是矽膠模底部，若沒有作出平面，在灌膠時形狀會變成歪斜硬化。

脫模，去毛邊

10

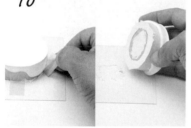

矽膠硬化後，先拆掉蓋在上面的塑膠片，拆掉膠帶後拿掉鋪在下方的塑膠片。

11

拆開圍板。

12

將矽膠從下往上推，取出原型。

13

取下原型，以剪刀將矽膠模的外側、內側毛邊剪掉。若內側留有毛邊將會影響灌膠後的形狀。

14

去毛邊前　　　　　去毛邊後

去毛邊後的狀態。若有留下毛邊，碎片可能會在注入透明樹脂時掉落一起硬化，仔細地將毛邊都剪掉。

memo

關於矽膠硬化

矽膠大約放6個小時左右就會硬化，要注意作業速度太慢、或暫時放置沒動就會馬上開始硬化。另外，矽膠不需像混合透明樹脂一樣，主劑和硬化劑比例要非常精確，請挑戰看看吧！

雙面模作法

此處使用信越化學工業的矽膠「KE-17」。能作出比「KE-12」稍微硬一點的模型，適合用來作有C型夾壓夾的雙面模。

製作原型，固定

1

以石粉黏土作原型，確實放到完全乾燥。

2

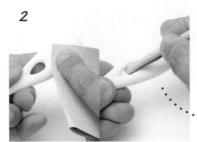

砂紙將形狀及表面整理到滑順，細小部分則將砂紙摺成小塊後仔細研磨。

point

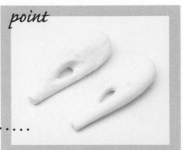

原型製作的滑順漂亮，在最後灌透明樹脂時，就能完成漂亮的表面，另外矽膠模也不容易劣化。

3

原型插上圖釘後，以夾子夾住，將整體塗上快乾漆。

※為了便於解說使用有色快乾漆，您也可以使用無色快乾漆製作。

point

由於原型用來作雙面模，將原型整體塗滿快乾漆。注意盡可能不留下色斑、筆跡。之後放置1天以上確實乾燥。

製作圍板

4

塑膠片上鋪5mm厚左右的油土，在上面放上原型。

5

原型一半埋進油土。寬度（＝2個模型相接部分）為1cm左右。

6

為了讓作好的矽膠模對模時不會錯位，先挖出一些凹槽作卡榫。

7

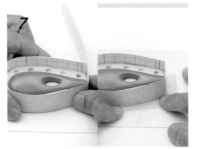

以厚紙板作圍板圍住油土，貼上膠帶固定，作比原型高5mm左右的圍板。

注入矽膠

8

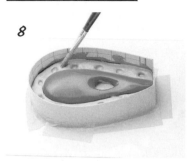

油土塗上快乾漆，藉由塗上快乾漆，能讓矽膠容易分模。

※為了便於解說，所以使用有顏色的快乾漆，您也可以使用無色快乾漆製作。

9

混合矽膠主劑及硬化劑（參考P.56-*5*至*6*），從原型上方慢慢澆入圍板內。矽膠從原型側面往下流，會讓原型及矽膠間不容易產生氣泡，若從原型及圍板間注入矽膠則容易有氣泡產生。

10

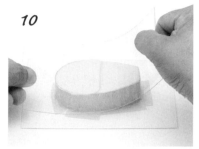

確實將矽膠注入到看不見原型後，將塑膠片稍微摺彎，慢慢從邊緣蓋上，小心不要產生氣泡。

point

在塑膠片上放上平坦的重物，讓矽膠表面呈現平坦狀。由於這面是矽膠模側面，若沒有作出平面，在注入透明樹脂時，就沒有辦法確實固定（參考P.61）。這個狀態放置半天以上。

拆掉圍板，修整毛邊。

11

矽膠硬化後，先拆掉蓋在上面的塑膠片，拆掉膠帶後拿掉鋪在下方的塑膠片。

12

拆掉圍板後取下油土。

13

取下原型，以剪刀將矽膠模的外側、內側毛邊剪掉。若內側留有毛邊，將會影響灌膠後的形狀。

check!

如此便完成雙面模中的一片。

14

模型塗上凡士林，讓接下來的作業就算灌矽膠後也可以容易分模，使用快乾漆也OK！

15

原型埋入模型內，在周圍以厚紙板包著作圍板，貼膠帶固定。圍板高度作成比原型在5mm左右。

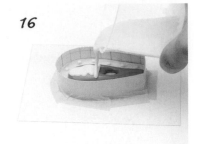

16

混合矽膠主劑及硬化劑（參考P.56-5至6），從原型上方慢慢澆入圍板內。矽膠從原型側面往下流，會讓原型及矽膠間不容易產生氣泡。

17

參考10至11，取出硬化的矽膠模。

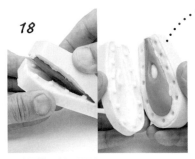

18

分矽膠模，拆下原型。

point

就算矽膠流到原型下方硬化，由於14先塗上了凡士林，能夠將多餘的矽膠去掉。若從空隙流入的矽膠及模型連成一體，會作出和原型不同的形狀，所以不要吝嗇地塗上凡士林或快乾漆吧！

check!

上圖是之後（15至16）作的模型。下方為先作好的矽膠模（已去掉毛邊）。

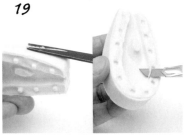

19

以剪刀剪掉模型外側和內側毛邊。模型內側若有留下毛邊，灌膠時會影響到成品的形狀，要仔細將它去掉。

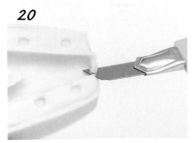

20

將澆鑄口的毛邊以刀片去掉。

point

由於透明樹脂在硬化後會收縮，在澆鑄口作出積留透明樹脂的部分，就能確實注入透明樹脂，翻出同模型一樣的形狀。由於裁剪積留樹脂的部分容易傷到，可以塗透明樹脂硬化作保護。

memo

最後的完成步驟

模型完成後，以熱水將附在矽膠模上的凡士林洗掉，快乾漆則以膠帶去掉。於原型拆下後，請放置半天至1天後再使用。

以雙面模翻透明樹脂

1

矽膠模確實對合以木板夾住，以C形夾或橡皮筋確實固定。以木板夾住是為了要讓施在模型上的壓力均等，若直接以C形夾去夾，可能會造成矽膠模扭曲，也可能無法翻出模型的形狀，要注意。

2

將透明樹脂沿矽膠模（透明樹脂部分）垂流注入。直接從澆鑄口注入會讓模型內產生氣泡，所以不能這樣作。

point

將透明樹脂確實灌滿到模型澆鑄口，這樣作硬化收縮的透明樹脂能作出如同矽膠模的形狀。

3

脫模後將透明樹脂的澆鑄口毛邊，以刀片去掉。

point： 以烤盤稍微加熱讓樹脂變軟，會比較好切割，透明樹脂會變熱，請記得戴上手套作業。

4

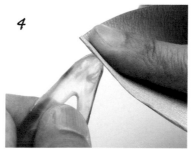

以砂紙研磨至滑順。

5

去掉澆鑄口的毛邊後，以砂紙磨至滑順。還有，模型和模型相接部分（配件界線）容易有毛邊，若覺得在意可將此處也以砂紙研磨整順。

矽膠模作法

. . . .

正因為使用柔軟的矽膠，才能作使用針具和縫針的變化技巧。
可運用在製作獨有的飾品素材時的作法，一定要嘗試看看喲！

開飾品素材用穿孔

矽膠模先放上針具，就能事先作出開孔，硬化後以手拿鑽開孔，
會讓開孔內側混濁，但這個作法就不會有這個問題！

1

2

3

在想開孔位置插進針具，為了要使灌進透明樹脂硬化後能將針具拔掉，在模型內側穿出的部分塗上凡士林。

灌進透明樹脂後硬化。

拆掉針具，脫模，由於開孔內側會留有凡士林，以牙籤等工具擦掉。

作成飾品素材

縫針插入矽膠模，再以透明樹脂灌滿，就能作出能穿過線材的飾品素材風樹脂配件。

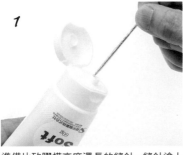
1

2

3

準備比矽膠模高度還長的縫針，縫針塗上凡士林。

point：挑選適合開孔大小的縫針，此處選用帆布用手縫針。

插入矽膠模中，由要開孔的方向直立插入。

倒入透明樹脂硬化。

4

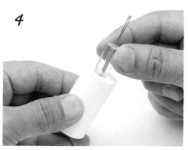

將透明樹脂脫模。

5

脫模後的狀態。

6

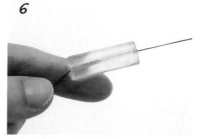

抽出手縫針，穿過棉線將附著在針孔內的
凡士林摩擦掉。

sample : 作成飾品素材風的
透明樹脂

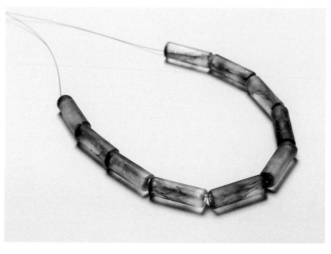

開直孔的樹脂配件

在圓柱型中央開孔，灌入透明樹脂及
上色樹脂，作成有各種花樣的配件。
霧面加工（參考P.74）後，穿上線材。

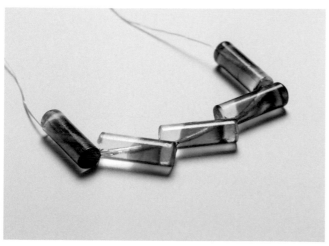

開斜孔的樹脂配件

縫針斜插進圓柱型模型。灌進透明樹
脂及上色樹脂後硬化，穿過線材。

環氧樹脂　單面模　雙面模　鑲嵌

押花透明戒指

☆☆☆☆☆

design：みどり堂

模型

原型（橢圓形）
原型用烘焙土
矽膠
→以黏土作【戒環】部分，作雙面模
（參考P.58至P.61）。
以〔橢圓形〕翻模（參考P.56至P.57）。

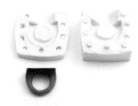

材料

環氧樹脂
鑲嵌素材…押花（三色菫、忘憂草、矢車
草、滿天星、葉片）
印刷在高畫質紙上的插圖（小鳥）

作法

1 將戒環部分的模型閉合，灌入透明樹脂。
➤硬化

2 在橢圓形模型先灌入一層薄薄的透明樹
脂［第一層］。➤硬化

3 灌一層薄薄的透明樹脂後，放進忘憂草
及小鳥圖案［第二層］。➤硬化

4 灌入薄薄的透明樹脂後，放進矢車草［
第三層］。➤硬化

5 灌入薄薄的透明樹脂後，放進三色菫及
葉片［第四層］。➤硬化

6 再灌入薄薄的透明樹脂後，放進滿天星
［第五層］。➤硬化

7 灌入薄薄的透明樹脂［第六層］。➤硬化

8 將步驟 **1** 脫模，去毛邊後研磨。

9 在步驟 **7** 上灌一層淺淺的透明樹脂，埋
入步驟 **8** 的橢圓型。➤硬化

10 脫模去毛邊，研磨戒環及橢圓形相接的
部分。

10

memo

**經由研磨可作出配件的
一體感**

仔細研磨戒環及橢圓形戒台交
接部分吧！有耐性的研磨至交
界處滑順，使整枚戒指呈現一
體感。

point：

**以 UV 膠
固定鑲嵌素材**

插圖、押花若以UV膠上在正反面，就
能防止染色和變色，為了防止插圖透
光，可以先在反面塗上白色壓克力顏
料。

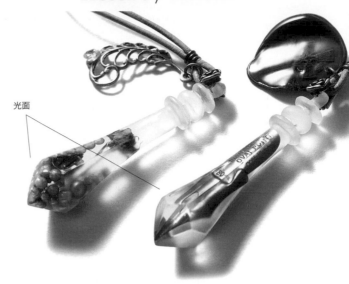

光面

環氧樹脂　雙面模　著色　鑲嵌　霧面加工

水晶造型鍊墜

☆☆☆☆☆

*design:*シヅクヤ

模型

原型（水晶）

矽膠

　→以矽膠翻模作雙面模（參考P.58至
　P.61）。

材料

UV膠

環氧樹脂

顏料…染料（茶色）

快乾漆（無光澤）

A ┌ 鑲嵌素材…古董筆尖
　├ 飾品素材…吊墜夾、金屬配件（玫
　└ 瑰）、皮繩、封蠟塊、鐵線

B ┌ 鑲嵌素材…乾燥花（玫瑰）、附底座
　│ 人造寶石、珍珠
　├ 飾品素材…吊墜夾、金屬配件（玫
　└ 瑰、附蘇聯鑽裸石）、皮繩、鐵線

作法

1 模型先灌進薄薄一層UV膠，再將鑲嵌素
　材按照喜好排放。
　▶照燈1分鐘

　　[A]是在[正面]放置筆尖，[B]為[正
　面]放珍珠、附底座人造寶石、乾燥花
　（玫瑰），[反面]放珍珠。

2 將*1*的模型閉合，灌進透明樹脂。▶硬化
　[B]使用茶色顏料的透明樹脂。

3 脫模去毛邊後研磨出線條。

4 留下一面（步驟*1*放鑲嵌素材的位
　置），塗上無光澤快乾漆。

5 手拿鑽開孔，鉤上吊墜夾。

6 穿過皮繩，鉤上封蠟塊及金屬配件等裝
　飾，捲繞鐵線固定好裝飾配件。

A-1

B-1

memo

決定雙面模的鑲嵌素材位置

使用雙面模，再加上有鑲嵌素
材時，在模型閉合前將各自模
型的配件，以UV膠固定，最
後再將模型閉合，使正面和反
面呈現出一體感。

環氧樹脂　雙面模　著色　鑲嵌　霧面加工

蠟燭造型鍊墜

☆☆☆☆☆

design：シヅクヤ

模型

原型（蠟燭主體）
原型用石粉粘土
矽膠
→以黏土作【燭火】形狀後，作雙面模
（參考P.58至P.61）。以【蠟燭主體】作
雙面模（參考P.58至P.61）。

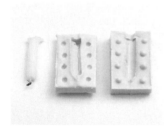

材料

環氧樹脂
顏料…染料（黑色）
※時間長後，顏色會變成帶有紅色調的咖啡色。
快乾漆（光澤）
鑲嵌素材…乾燥花（玫瑰）
飾品素材…羊眼、圓形底座、單圈、雙圈、
C圈鍊、水滴珠
※鍊條前端接上水滴珠，將鉤接珠子的眼鏡圈以
C圈接在圓形底座。

作法

1　製作染成黑色的樹脂。

2　在蠟燭主體的模型放進乾燥花（玫瑰）
後閉合，分別灌進透明樹脂（透明）
（黑色）。火焰模型也閉合後也灌進兩
色透明樹脂。➤硬化

　　point：先適量灌進一色的樹脂後，在硬
　　化前將另一色慢慢地灌進模型，讓兩色的
　　交界呈現模糊。

3　脫模去毛邊後研磨出線條。

4　蠟燭主體塗上快乾漆作出光澤，火焰則
以砂紙粗磨成霧面。

5　為了要將火焰插進蠟燭芯中，將火焰以
手拿鑽開孔後塗UV膠黏接。

　➤照燈5分鐘

6　蠟燭主體塗UV膠後黏在圓形底座上。
　➤照燈1分鐘

7　蠟燭主體以手拿鑽開孔後插入羊眼。

8　羊眼鉤上雙圈後穿過鍊條。

memo

亮光 & 霧面加工的對比

將分別製作的2個透明樹脂
配件，各自加工成「亮面加
工」及無光澤的「霧面加
工」後黏接。光是完成面作
法不同，作品就給人不一樣
的印象。

LESSON 3
Q&A

Q 原型使用什麼都OK嗎？

A 使用市售成品，請保持在個人使用的範圍吧！

以市售品作矽膠模時，請在個人體驗的範圍內使用吧！由於是第三者以其他目的（非供膠品製作使用）製作的設計，未經同意將以這個形狀所作的成品販售等，使用在營利目的就侵犯了著作權，從一般市面可見的製造商和品牌的商品來翻模，就算利用模型作出與原商品不同色彩和裝飾，因為形狀和設計上有著作權的緣故，也請不要拿來販賣喔！

Q 製作原型的材料除了石粉黏土外的材料也OK？

A 塗上快乾漆，作出隔層

雖然大部分的物品都可以用矽膠來翻模，但矽膠容易附著在表面不易分離的素材（玻璃製品、陶瓷器、陶器、木製品等），在翻模前先塗上快乾漆，將原型表面作出隔層。
小技巧是可以使用「肥皂」製作。容易以刀片切割可以削出流線形狀。關於製作像礦石切割為重點的設計，是適合用來當作原型的材料。

Q 為什麼從矽膠模脫模的膠品表面會呈現霧狀？

A 有可能是矽膠模表面粗糙不平

矽膠模表面不光滑而粗糙時，會造成灌膠成品表面，也呈現像是磨砂玻璃一般的質感。先記住成品會因為模型的質感而有所變化，在大量製作前先試作看看吧！霧面的成品在表面塗上一層透明快乾漆，會更提高透明度。
還有不管是市售品還是獨創的模型，就算一開始使用時充滿光澤，在持續使用下模型表面都會產生傷痕，在灌膠前先塗上脫模劑，讓成品容易翻模就較不容易造成傷痕。

Q 矽膠模可以用來翻模幾次？

A 次數會依原型表面的光澤影響

矽膠模的表面在每次灌膠翻模時，都會因為膠品產生傷痕。因此，根據矽膠模的表面光澤或粗糙，產生傷痕的速度也會有所不同。總而言之，取矽膠模時使用的原型表面的光澤度會影響使用次數。如果於原型表面塗上快乾漆作出漂亮光澤狀態，所取的矽膠模也會有光澤，不容易刮傷。能使用15至20次。若原型表面若呈現粗糙不平的狀態，所取的矽膠模表面也會粗糙不平，灌膠後不容易脫模造成矽膠模有傷痕，大約能使用1至10次。

LESSON

4

灌膠硬化
修飾＆加工

硬化後的膠品脫模後，修毛邊就OK了！但
是，在這之前還有一些加工步驟，像是仔細研
磨作出高雅滑順的表面、霧面加工成像是磨砂
玻璃的質感、從反面雕刻花樣……等許多能進
行的作業喔！

basic : *processing*
脫模後加工

灌膠硬化後，還是有可能作各式各樣的加工及修飾，
仔細修飾就能完成美麗的作品。

● 脫模後加工技巧

//

灌膠硬化後，就有著光以手力也不會變形的硬度。但還是有
其他可以使作品更加精美的加工方式。研磨、開孔等基本
作業，只要稍微記住技巧就能作出漂亮的成品，以及表現銳
利形狀的切割技法、活用膠品硬度加上花樣的反面雕刻技法
等。不是「硬化後就結束」這部分也是能讓人看到設計技法
寬廣的膠品魅力之一。請記住各種技法，挑戰製作各種作品
吧！

在硬化後的膠品上色時……

LESSON2介紹了膠水上色的方法，但直
接在硬化後的膠片著色也是一種技法。能
用來當作背景或重點點綴。可使用壓克力
顏料製作，但因為上色後容易脫落，所以
著色後要再塗一次膠水作保護，混合完成
劑來定色等需要再多花一些功夫。

> 還有其他的變化喲！

● 膠品互相黏接

將完成的膠品以UV膠黏接起來，因
為黏接面呈透明，對作品外觀的影響
也少，不容易脫落也是它的優點。不
需使用五金和飾品素材就能將膠品
互相黏接作出大型配件、作Deco裝
飾。

● 修補

膠水一旦混進氣泡，在脫模時膠品也
會有開孔。只要是在表面的開孔都能
作修補。以針沾上同顏色的膠水，來
塗抹填補開孔後硬化吧！優點是之後
再補塗也不會太過明顯。

各式加工技法

研磨

脫模後會以砂紙去毛邊，但「研磨」是要接著再研磨，讓表面滑順更為美麗。粗磨可以作出宛如磨砂玻璃的霧面表面。從這個階段再更換使用細目砂紙來研磨，沾上 研磨劑後仔細耐心研磨，就能作出表面滑順、風格高雅的作品。

開孔

在作成飾品時，使用束鉗或手拿鑽等工具，鑽開要插入五金和飾品配件的孔洞。由於因為鑽孔時的摩擦，會造成孔洞內側成霧面。在此多花一點功夫將它整理漂亮 後，再插入五金或配件吧！這樣就能在不會損害到作品透明感的狀態下，安裝五金配件類。

切割

硬化後的樹脂加熱後會稍微變得軟一些，可以刀片進行切割。由於切割是採手工作業，每一個會呈現出不同的形狀，作出使用模型也不容易表現出的流線型。最適合 用來表現礦石的樣貌，使用刀片時請注意，來挑戰看看吧！

反面雕刻

樹脂有著適合用電鑽雕刻的硬度，幾乎不會發生破損或裂縫，所以不要害怕試試看吧！換上不同的車針就能作出各式各樣的表現方式，能雕出相當細緻的花樣。本書 介紹了從反面作雕刻的「反面雕刻」。能自由地畫出喜好的花樣和圖畫的作法，記住基本技巧，自由的體驗吧！

technique 1 研磨

發揮耐性充分研磨的表面，與塗快乾漆完成的成品相比，
高雅的光澤和舒適的觸感是優點。

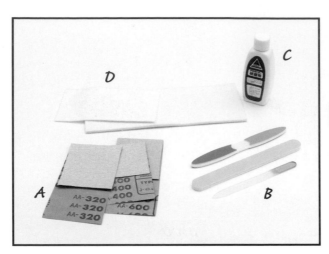

研磨工具

A: 木工用砂紙（320至600號）

B: 磨甲棒

C: 研磨劑

D: 羊毛布、拭鏡布用的柔軟布料

霧面加工

拋到滑順有光澤

memo

拋光開始的步驟也相同

霧面加工時，以砂紙研磨至喜歡的
霧面狀態，作業就完成了！要拋到
光亮時，之後再持續更仔細的研
磨，修飾到表面成滑順的作品。

1

脫模去毛邊後，以砂紙（320至600號）
輕輕擦拭作出霧面狀態。

*point：*砂紙是號數越大紙張越細緻。從
300號的砂紙開始研磨，到喜歡的狀態就
可以停止。

2

以磨甲棒研磨。

*point：*因為硬化後的膠片硬度幾乎和指
甲相同，用來磨指甲的指甲棒，正適合研
磨作業的絕佳工具，從粗磨到細磨依順序
使用。

3

沾研磨劑研磨，以羊毛片等布料沾研磨
劑，仔細摩擦，最後再以柔軟布料擦拭完
成。

point

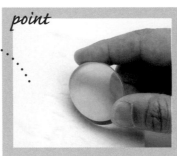

舖上羊毛布，以手拿膠片作研
磨作業，就可以在相同位置均
等摩擦，容易研磨。不會太過
於用力，重複作業步驟來完成
滑順有光澤的成品吧！
若太過用力，會因為摩擦熱造
成膠片變軟，表面產生白濁。

technique 2 開孔

為了要作為飾品使用，經常需進行的作業。
將開孔的霧面去掉後再插入配件

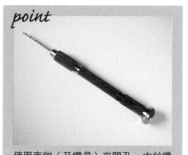

point

使用束鉗（及鑽具）來開孔。由於鑽針粗細會作出不同大小的開孔，配合使用的配件選擇鑽針。

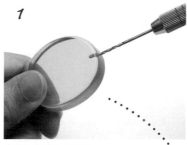

1

束鉗對在膠片上開孔。

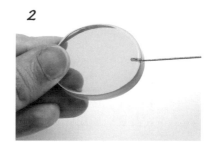

2

以縫針沾膠水塗在開孔內側。

3

插進配件安裝。因為膠水是用來當作黏接劑，裝上後再作硬化。

在此介紹使用透明樹脂進行作業。但在黏接羊眼等配件時，可以使用黏接劑及UV膠。強度、透明度和使用方便度等，考慮哪一點為最優先，請依照喜好選擇（參考P.82）。

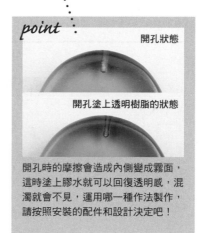

point

開孔狀態

開孔塗上透明樹脂的狀態

開孔時的摩擦會造成內側變成霧面，這時塗上膠水就可以回復透明感，混濁就會不見，運用哪一種作法製作，請按照安裝的配件和設計決定吧！

technique 3 切割

溫熱的膠片就算不用太大力量也可能作切割，可隨意作成銳利的造型。

memo

**不是一部分
而是將整體慢慢加熱**

膠片加熱就會變得柔軟可切割，在烤盤鋪鋁箔紙放上刀片加熱，重點是慢慢加熱到內側變溫熱，光是表面加熱也沒有辦法順利切割。

1

以刀片自由切割溫熱的膠片。

point：一定要戴手套避免燙傷喔！

point　NG

加熱過頭的膠片會變脆，一旦以刀片切割會造成膠片掉落、斷面變髒。

technique 4　反面雕刻

使用手拿鑽就像是畫畫一般刻上花樣。
由於是從反面雕刻，刻畫有左右方向分別的圖案時要注意喔！

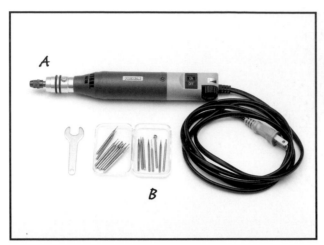

反面雕刻使用工具

A: 手拿鑽
有各種尺寸及價格，手拿鑽較便於使用，可用來作金工雕刻、雕刻玻璃、塑膠等。

B: 車針
安裝在手拿鑽上使用。由於有各種大小和造型，配合想作的設計挑選使用。

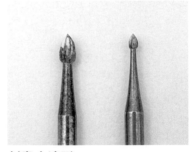

刻畫線條
描畫細線的車針。像是以鉛筆描繪一樣刻畫，也用來作添加點點等其他花樣時的草稿、可任意使用的車針。

刻畫點點形
刻畫圓形的車針。若刻深一點，從正面看起來就像是在眼前一樣。要刻畫比車針大的圓形時，就將車針轉動刻畫。

刻畫水滴形
將車針橫向刻畫，就能刻出水滴形和花瓣等造型。依照車針的尺寸和傾倒角度，能畫出不同花樣。

從反面雕刻

point

要在哪一個部分刻上花樣,先以細傘鑽形車針淺淺雕刻,畫上大概的草圖。請注意若以筆畫草圖,會讓雕刻的部分留下墨水痕跡。不想讓它左右顛倒的圖案可以將印有圖案的紙張放在一旁,一邊看一邊雕刻。

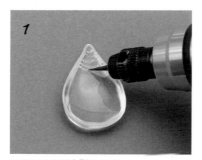

1

在草稿線條刻上點點圖案。

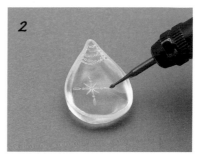

2

更換車針刻上圖案。

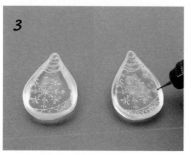

3

重複畫草稿→刻圖案的步驟,完成花樣。

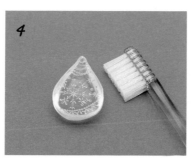

4

以牙刷工具將膠屑清掉。

上色

5

以壓克力顏料塗雕刻好的部分。稍微溢出來後,也可以擦掉。

point:雕刻部分不加上顏色,就會與背景顏色(與膠水)混在一起,使花樣看不見。

6

乾掉後擦掉溢出來的部分。

point:想要將背景上色時,在此步驟將壓克力顏料和保護漆混合塗滿整面(參考P.82),乾燥。

7

雕刻部分上色的樣子。

灌背景的膠水

8

在油土上將步驟7水平輕輕壓放讓它不能動,灌膠水(背景)後硬化。

環氧樹脂　單面模　著色　鑲嵌　霧面加工

小鳥＆小樹枝胸針

design : みどり堂

★ ☆ ☆ ☆ ☆

模型

烘焙土

矽膠

→以黏土【小鳥＆小樹枝】的形狀，翻模(參考P.56至P.57)。

材料

UV膠

環氧樹脂

鑲嵌素材⋯OHP貼紙（小鳥）、乾燥花（玫瑰花瓣）、紅茶葉、金箔

飾品素材⋯胸針配件

作法

1 模型灌膠。➢硬化

2 薄薄灌一層膠水，放進乾燥花（玫瑰花瓣）、金箔、紅茶葉、OHP貼紙。➢硬化

3 脫模，去毛邊，砂紙粗磨作霧面加工。

4 反面塗UV膠。➢照燈3分鐘

5 在步驟4以UV膠將胸針配件黏接，照燈1分鐘。➢照燈1分鐘

memo

配合模型配置鑲嵌素材

使用現有花樣的模型時，在各個位置鑲嵌上顏色及素材就更能提高完成性。這是鑲嵌物和矽膠模形狀一致才能作到的設計，動手自己作模型才能體會到的樂趣。

point :

將鑲嵌物品的空氣排掉

由於玫瑰花瓣及紅茶葉本身就含有空氣，灌膠後會產生氣泡，先將這些配件浸在膠水中去掉空氣吧！

環氧樹脂　單面模　鑲嵌　霧面加工

背景不同の鑰匙圈

design：シヅクヤ

★★☆☆☆

模型

四角形的原型

材料

環氧樹脂
顏料…油漆（白色）
快乾漆（光澤）
鑲嵌素材…OHP膠片（文字、蜜蜂）
飾品素材…小螺栓、墊片、螺帽、古董銅
線、包包配件用鍊條

作法

1 模型注入透明樹脂。➤硬化

2 放上OHP膠片（文字），注入薄薄一層
透明樹脂。➤硬化

3 放上OHP膠片（蜜蜂），注入薄薄一層
透明樹脂。➤硬化

4 脫模，以粗銼刀將表面直角去掉，研磨
出角度，塗上快乾漆後作出光澤。

5 反面塗上油漆，以砂紙粗模作霧面加
工。

6 以手拿鑽開孔，裝上小螺栓、墊片、螺
帽。

7 手拿鑽在轉角開孔，插入古董銅線。

8 鉤上包包配件用鍊條。

4 （脫模後的狀態）

memo

**就算使用相同模型，依
造加工方法不同會作出
不同的氛圍**

就算以相同模型、相同的鑲
嵌素材製作，依照脫模後
加工作法不同，就能作出氛
圍完全不同的作品，上色及
研磨等，隨自己的喜好體驗
吧！

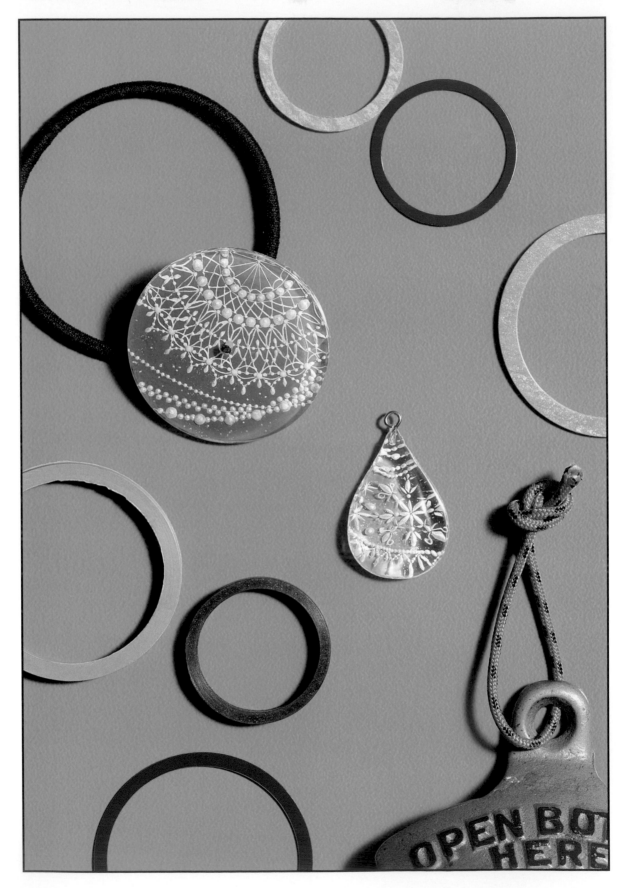

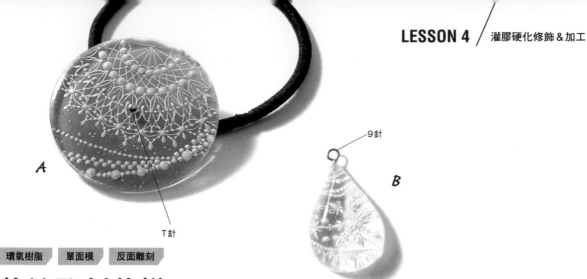

9針

T針

A

B

環氧樹脂　單面模　反面雕刻

蕾絲雕刻花樣の
樹脂配件

design：マンボウ★no.5

模型

A
├ 原型（直徑4cm的圓形）
├ 矽膠
└ →以矽膠翻模（參考P.56至P.57）。

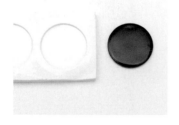

B
├ 原型用石粉粘土
├ 矽膠
└ →以黏土作【水滴形】，將它當作
　原型用矽膠翻模（參考P.56至P.57）

材料

A
├ 環氧樹脂
├ 顏料…壓克力顏料（白色、灰色）
├ 保護漆（有光澤）
└ 飾品素材…髮圈、T針

B
├ 環氧樹脂
├ 顏料…壓克力顏料（白色）
└ 飾品素材…9針

作法

1 模型注入透明樹脂。➢硬化

2 脫模，從 **1** 的反面以手拿鑽刻上花樣
（參考P.76至77）。

3 刷子等工具清掉雕刻屑，再以壓克力顏
料（白色）塗在雕刻部分。

4 乾燥後將溢出部分擦拭掉。[**A**]則在背
景塗上壓克力顏料（灰色+保護漆），
放到乾燥。

5 在油土上將 **4** 水平輕輕壓放讓它不能
動，壓克力顏料上灌些許透明樹脂（背
景）後硬化。➢硬化

6 [**A**]以手拿鑽開孔後插入T針，將T針往
內側彎圓，固定髮圈。
[**B**]用手拿鑽開孔後，插入先剪短備用
的9針。（以UV膠黏接）

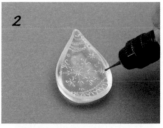

2

3

Q&A

Q 金屬配件要以什麼材質黏接比較好呢？

A 容易處理的程度・強度・完成品的美麗…依照優先順序會有所不同

本書內作品的作法，在黏接飾品配件和透明樹脂配件時，大多使用UV膠製作，極大部分的理由是因為它具有隨手可以取得&馬上就能硬化的便利性，完成時為透明狀態能與透明樹脂主體形成一體。
但是在作不容易照紫外線燈的形狀和黏接上色樹脂配件時，會得不到充足的強度。

針對這點，環氧樹脂在強度和透明度上都讓人沒得批評，但是當作接著劑使用，因為形狀太薄不容易產生化學反應，到硬化完成要花2至5天。

市面販售的接著劑中，推薦使用Scotch超強力接著劑PREMIER GOLD（Super 多用途）透明」(住友3M株式會社)。在接著兩面塗膠，放置5至10分鐘後貼合。雖然說到完全固定要花24小時，但能夠強力黏接，完成面也透明得非常漂亮，應該是最適合拿來作飾品製作用的接著劑吧！

Q 多餘的UV膠能夠保存嗎？

A 冷凍可以存放一個禮拜

將最後一層灌完後，還想將同樣色彩的UV膠保存，或要用來作黏接和上膠等作業，此時可以將剩餘的UV膠倒進小紙杯後以保鮮膜蓋上，再以橡皮圈確實綁好後放進冷凍庫，雖然UV膠的味道不會沾染到其他食物，但還是要充分注意不要誤喝。

解凍時請一定要蓋著保鮮膜一起自然解凍，若將保鮮膜拆掉，UV膠表面就會產生結露，有可能因為水分讓UV膠白濁，還有雖然解凍後，以微波爐稍微溫熱幾秒會較好灌膠，但使用上色UV膠時，硬化速度也會變快，所以灌膠的速度要快一點。

請避免將解凍後的UV膠再次冷凍。

Q 反面雕刻後，在底面塗壓克力顏料時的注意事項

A 建議與保護漆一起使用

若只有塗壓克力顏料，會容易留下筆跡、或容易剝落。因此請在壓克力顏料混合壓克力樹脂的水性透明膠（保護漆），本來是完成時使用的素材，但混合顏料使用可以不容易留下筆跡，不容易剝落，且分為亮光和無亮光（無光澤）兩種類型，本書內作品皆使用亮光漆製作。

它也可以當作金蔥等的定型劑使用，將金蔥混合保護漆（有光澤）來塗，就能將透明感原封不動的加進閃爍的金蔥背景中。

P.4 至 P.14
作法

在開始製作各項作品前，請先閱讀LESSON1至4
介紹的基本技巧，確認作業流程及注意事項

使用下列工具和配件，
完成飾品吧！

連接用配件 因為配件有大小和顏色不同的種類，請挑選適合的尺寸及顏色吧！

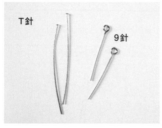

T針

9針

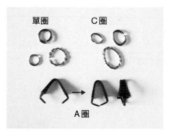

單圈　　　　C圈

A圈

羊眼
用來插在作品上。以束鉗或手拿鑽開
孔，沾上接著劑或UV膠（或環氧樹
脂）後插入，使用UV膠時要照燈。

T針・9針
穿過有開孔的珠子，前端摺圓或剪短
後，當作羊眼接在透明樹脂配件，當
羊眼使用時的接法和羊眼相同。

單圈・C圈・A圈
配件相接用的圈類，也有設計性強的
單圈等配件。

工具

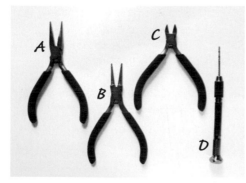

A: **平口鉗** 前端平整，在開合圈類和閉
合配件時使用，請準備兩支，在製作上
就會相當方便。

B: **尖嘴鉗** 前端成圓頭，用於將T針和9
針彎圓。

C: **斜剪鉗** 用來剪斷針具和鍊條。

D: **束鉗** 用來在作品上開穿插羊眼和針
具類用的洞。也可以使用手拿鑽鑽洞，
使用比配件再稍微粗一點的刀刃。

針具的彎法

在珠珠穿過9針後，直角折彎，留
下7至8mm長度後，以斜剪鉗剪
斷，9針前端以尖嘴鉗彎圓。

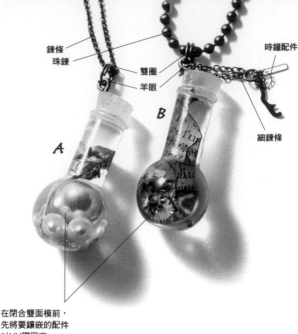

鍊條
珠鍊

雙圈
羊眼

時鐘配件

細鍊條

A

B

在閉合雙面模前，
先將要鑲嵌的配件
以UV膠固定

環氧樹脂　雙面模　鑲嵌

實驗瓶造型鍊墜 → P.4

☆ ☆ ☆ ☆ ☆

design：シヅクヤ

模型

原型…燒瓶
矽膠
　→以矽膠作雙面模（參考P.58至P.61）。

材料

A

UV膠
環氧樹脂
保護漆（亮光）
鑲嵌素材…乾燥花（迷你玫瑰）、珍珠
飾品素材…羊眼、雙圈、鍊條

B

UV膠
環氧樹脂
保護漆（亮光）
鑲嵌素材…時鐘配件、復古紙張
飾品素材…羊眼、雙圈、細鍊條、珠鍊

point：復古紙張就算浸入透明樹脂，也能
營造出古典風格，就算不預先處理，塗調和油
或UV膠也OK！

作法

1 在模型［正面］［反面］各注入些許UV
膠，將鑲嵌素材放在喜歡的位置。
➤照燈1分鐘

2 閉合*1*的模型，注入透明樹脂。➤硬化

3 脫模後去毛邊，研磨出配件線形。

4 燒瓶主體塗快乾漆作出光澤，蓋子部分
則作出栓塞風貌，不要塗快乾漆。

5 手拿鑽開孔，插入羊眼（以UV膠黏
接）。

6 羊眼鉤上雙圈後穿過鍊條（*B*則是穿過
珠鍊）。*B*還要以細鍊條鉤上時鐘配
件，鉤接在雙圈上。

模型

以燒杯當作原型取雙面模。

1

鑲嵌素材先以UV膠固定在喜歡的位
置。

/////////////////////////

memo

決定雙面模的
鑲嵌素材位置

使用雙面模而且在裡面放有
鑲嵌物時，雙面模閉合前，
先在模型內放鑲嵌素材後以
UV膠固定。最後閉合模型，
讓正反面合為一體。

環氧樹脂　單面模　鑲嵌

使用金線製作の
閃亮亮配件 → P.5

☆☆☆☆☆

design：SUPERPOP☆COLLECTIVE8

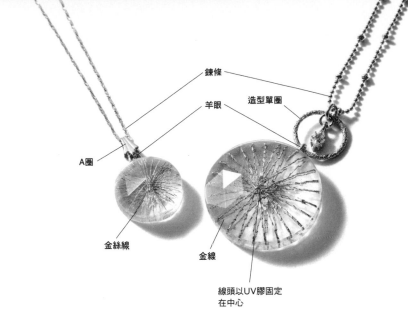

鍊條
造型單圈
羊眼
A圈
金絲線
金線
線頭以UV膠固定
在中心

【模型】

直徑1.7cm、3cm圓形

【材料】

UV膠
環氧樹脂
鑲嵌素材⋯金線等喜歡的線材
飾品素材⋯羊眼、A圈、造型單圈、鍊條

【作法】

1 在透明塑膠片上倒上透明樹脂作成圓形。➤硬化

2 將*1*以剪刀剪成比模型再小一些的尺寸。

3 將線頭放在*2*的中央後，以UV膠黏接。
　➤照燈2分鐘

4 線材從中心開始捲繞一圈，重複這個步驟，以線材作出花樣，線材捲續好後，在中央將線頭以UV膠黏接。
　➤照燈2分鐘

5 模型灌入透明樹脂。➤硬化

6 將*4*作好的素材放進*5*中，注入透明樹脂。➤硬化

7 以手拿鑽開孔，插進剛剛剪短的羊眼（塗UV膠黏接）。

8 羊眼鉤接上A圈及單圈後，穿過鍊條。

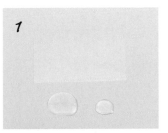

1

作比想使用的形狀再小一點的尺寸，請以剪刀整理形狀。

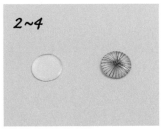

2~4

形狀整理好後捲上線材，完成鑲嵌用配件。

memo

透明樹脂素材in透明樹脂

雖然大多是將紙張、薄片和串珠、配件及押花等異素材鑲入透明樹脂中，但也可以用透明樹脂作的素材當作鑲嵌素材使用，以相同材質的素材可呈現整體感及透明感，讓金線在透明樹脂中閃閃發光！

UV ｜ 環氧樹脂 ｜ 單面模 ｜ 鑲嵌

方形項鍊配件 → P.6

★★☆☆☆

design：シヅクヤ

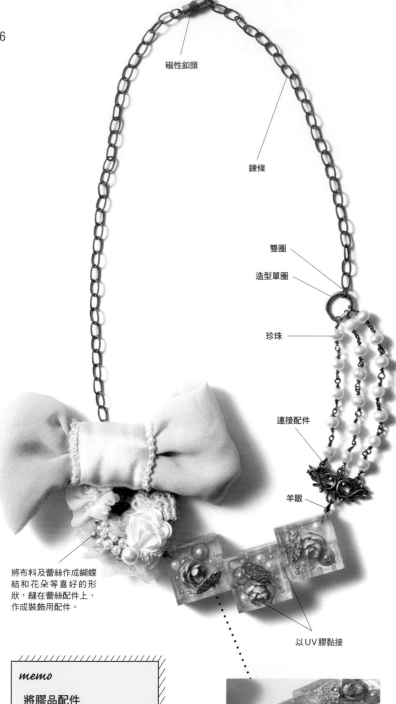

磁性釦頭

鍊條

雙圈

造型單圈

珍珠

連接配件

羊眼

以UV膠黏接

將布料及蕾絲作成蝴蝶
結和花朵等喜好的形
狀，縫在蕾絲配件上，
作成裝飾用配件。

> 模型

單邊2.5cm立方體

> 材料

UV膠、環氧樹脂
保護漆（亮光）
鑲嵌素材…亮片（金黃色）、珍珠、乾燥
花、蕾絲配件
飾品素材…羊眼、蕾絲、布、曇絲配件、魚
線、珍珠、連接配件、古典線材、造型單
圈、雙圈、鍊條、磁性釦頭
　→將布料及蕾絲作成蝴蝶結和花朵等喜
　好的形狀，縫在蕾絲配件上。
　→在連接配件接上珍珠，尾端在鉤上造
　型單圈。

> 作法

1 作三個透明樹脂素材，在透明樹脂混合
金蔥粉後注入模型。➤硬化

2 將要鑲嵌入1的素材放在喜歡的位置，
模型再注入透明樹脂。➤硬化

　point：注入乾燥花及蕾絲配件會稍微突
出的樹脂量，完成立體的造型。

3 脫模，以粗銼刀研磨去掉直角，去掉後
再以砂紙研磨，塗保護漆作出光澤。

4 將三個透明樹脂素材以UV膠接在喜歡的
位置。➤照燈5分鐘

5 在4的兩端以手拿鑽開孔後，插入羊眼
（以UV膠黏接），鉤接上雙圈。

6 將5作好的蕾絲配件及連接配件鉤接。

7 將鉤接蕾絲配件及雙圈的造型單圈接上
鍊條，裝上磁性釦頭。

/////////////////

memo

將膠品配件
以UV膠黏接

以UV膠而非用接著劑黏接，
可以在維持透明感的狀態下
固定。先將接著面用砂紙
磨出痕跡，可以固定地更確
實。請注意若都是不表面光
滑的素材互相黏接，在硬化
後有可能會發生脫落的狀
況。

玫瑰球墜項鍊 → P.7

☆ ☆ ☆ ☆ ☆

design：みどり堂

圓形鉤頭

水滴形尾墜

延長鍊

小螞蟻

隔珠

人造珍珠

A圈

9針

模型

原型（圓球狀物品，此處使用人造珍珠）
矽膠
　→以矽膠作雙面模（參考P.58至P.61）

材料

UV膠
環氧樹脂
鑲嵌素材…原型（圓球狀物品，此處使用人造珍珠）
飾品素材…單圈、九針、串珠（隔珠、人造珍珠、水滴形尾墜）、線材、圓型鉤頭、延長鍊、A圈、小螞蟻
　→線材穿過串珠材料，再鉤接上延長鍊，水滴形尾墜及圓形鉤頭

作法

1 在模型[正面]注入些許透明樹脂，放進玫瑰、金箔和珍珠。模型[反面]也注入些許透明樹脂，放進銀苞菊、金箔和無孔珍珠。➤硬化

2 閉合*1*的模型，注入透明樹脂。➤硬化

3 脫模去毛邊後，研磨出配件線形。

4 以UV膠上膠作出光澤。➤照燈1分鐘

5 手拿鑽開孔後插入9針（以接著劑黏接），鉤接上單圈。

6 鉤接在頸鍊。

> *memo*
>
> **決定雙面模的鑲嵌素材位置**
>
> 雙面模閉合前，先決定正反面內鑲嵌素材的位置後，以樹脂固定。固定素材後閉合模型，注入透明樹脂後乾燥硬化，讓正反面合為一體。

乾燥花球項鍊 → P.8

☆ ☆ ☆ ☆ ☆

design：みどり堂

珍珠

釦頭

延長鍊

鍊條

串珠

9針

9針

模型

原型（球狀物體。此處使用人造珍珠）

原型用石粉粘土

矽膠

　→以黏土作【松鼠】【蝴蝶】造型，再以矽膠作模型。以【球體】當原型，矽膠翻雙面模7顆（參考P.58至P.61）。

材料

UV膠、環氧樹脂

鑲嵌素材⋯乾燥花（星辰花、飛燕草）

印刷在高畫質紙上的插圖（松鼠、蝴蝶）

※由於是將插圖兩面貼合成一片，正面和反方向的圖案共印2片

飾品素材⋯9針、單圈、串珠、珍珠、鍊條、延長鍊、釦頭

※延長鍊接上珍珠

乾燥花球

將乾燥花鑲進膠內作成的配件，以球體當作原型作成雙面模，乾燥花事先浸在膠內將花瓣間的空氣排掉。若在乾燥狀態直接放在模型內，灌膠時容易產生氣泡。

松鼠及蝴蝶的插圖貼合，讓不管正反面都可以看到花樣。以UV膠在插圖正反面上膠就能夠防止染色。

作法

1 作乾燥花球。將乾燥花放進【球體】模型，注入透明樹脂。由於硬化後9針要穿過花球開孔，先將澆鑄口插入塗凡士林的針具。▶硬化

2 針具拔掉後脫模，上UV膠作出光澤。▶照燈1分鐘

3 作松鼠和蝴蝶的膠片，模型注入透明樹脂，讓插圖稍微下沉。▶硬化

4 脫模，去毛邊後研磨，以束鉗開孔插入9針（以接著劑黏接）

5 塗上UV膠作出光澤。▶單面各照燈1分鐘

6 2、5與串珠以單圈及9針鉤接，鍊條和鉤接好的素材相接，在接上延長鍊和釦頭。

> **memo**
>
> **以透明樹脂作成自創的珠子**
>
> 以雙面模翻模，就能夠作出自創的珠子。活用透明樹脂的透明感，在裡面鑲入乾燥花，其他還能以上色的樹脂來作染透明色系配件及不透明色系配件等，能夠製作各式各樣的素材。

UV

UV膠
轉轉耳環 → p10

☆☆☆☆☆

design: SUPERPOP☆COLLECTIVE8

水滴鉤

開洞穿過
單圈

耳鉤

吊墜夾

透明水鑽

單圈

和紙
塗上UV膠

以UV膠
黏接在
喜歡的位置

作輪廓後作中間的
漩渦

珠鍊

材料

UV膠
珠鍊
Deco配件…和紙(依喜好選擇數色)、透明
水鑽
飾品素材…單圈、吊墜夾、耳鉤配件

作法

1 在透明膠片上,注入UV膠作成水滴形
狀。➤照燈1分鐘

2 *1*稍微硬化後,一邊整理形狀在外圍圍
上珠鍊。➤照燈1分鐘

3 在*2*圍住的膠片中注入UV膠,以珠鍊繞
出漩渦形狀後,中央放上水鑽再以UV膠
固定。➤照燈3分鐘

4 將超出珠鍊範圍的膠片剪掉,整理形
狀。

5 剪成適當大小、形狀的和紙浸入UV膠,
浸泡好在以鑷子拿出舖放在透明夾上。
➤照燈2分鐘

6 *5*作成的和紙膠片一片片塗UV膠黏接在
4。➤照燈1分鐘

point : 將和紙全部接上後,再將照燈時
間稍微延長,確實讓它黏接在一起。

7 *4*的樹脂部分以手拿鑽開孔,穿過單圈
接上耳鉤配件。

2

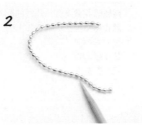

將UV膠稍微硬化後,以珠鍊圍繞調
整形狀。

3

因為漩渦中央有開口,放上水鑽將開
口遮起來,再以UV膠固定,不要讓
水鑽跑掉,連漩渦部分一起硬化。

///////////////////
memo

**沒有模型也能完成的
簡單飾品**

沒有模型也能製作飾品,就
是活用了UV膠的黏性和硬化
時間上的快速。因為幾乎沒
有厚度,硬化後的膠片可以
直接以剪刀裁切,以錐子開
孔,塑形也很容易。

5

硬化後,形狀需要調整時,再以剪刀
將多餘部分修剪。

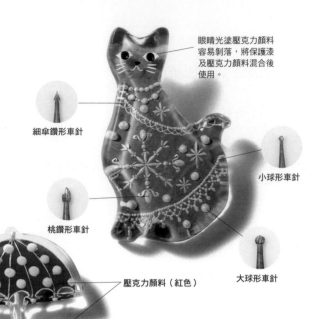

環氧樹脂　單面模　內部雕刻

貓咪＆雨傘胸針 → P.11

☆☆☆☆☆

design：マンボウ★no.5

眼睛光塗壓克力顏料容易剝落，將保護漆及壓克力顏料混合後使用。

細傘鑽形車針

小球形車針

大球形車針

桃鑽形車針

壓克力顏料（紅色）

大球形車針

小球形車針

細傘鑽形車針

小球形車針

大球形車針

以細傘鑽形車針雕刻傘骨，大球形車針刻點點花樣及把手，小球形車針雕刻傘尖的點點及傘柄。

模型

原型用石粉粘土

矽膠

→先以黏土作出【貓咪】【雨傘】的形狀，再以它當作原型用矽膠翻模（參考P.56至P.57）。

材料

環氧樹脂

UV膠

顏料…壓克力顏料（白色、黑色、灰色、紅色）、保護漆（光澤）

飾品素材…胸針配件

作法

1 模型注入透明樹脂。▶硬化

2 從*1*的反面以手拿鑽自由雕上花樣（參考P.76至77），貓咪則從正面雕刻臉孔。

3 以刷子清掉雕刻碎屑後，以壓克力顏料（白色）塗在雕刻位置。

4 乾燥後將溢出的部分擦掉，貓咪在正面的臉孔也要上色。

5 壓克力顏料（灰色或紅色）＋完成以保護漆塗在背景，放乾。

6 將*5*輕輕地水平埋入油土中保持固定，在壓克力顏料上再注入一層薄薄的透明樹脂。▶硬化

7 以UV膠黏接胸針配件。
　　▶照燈1分鐘

2
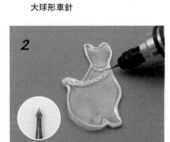

畫細線的車針、作水滴和花瓣形狀的車針、作點點形狀的車針等。變換不同的車針作出各式各樣的圖案。

3

雕刻花樣若不塗顏料，就會與背景融在一起而看不見。

4

擦掉溢出的顏料，請確實擦拭乾淨，貓咪從表面塗上顏色。

5

確實塗滿背景，使用抹刀來塗就不容易產生氣泡。

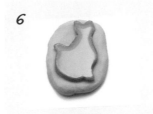

6

為了不讓壓克力顏料脫落，以膠封住。

/////////////

memo

以手拿鑽作反面雕刻刻出細緻花樣

以細傘鑽形車針雕刻膠片，加上纖細花樣的反面雕刻。雕刻部位上色，將花樣明顯襯托出來。由於是從反面雕刻，要將想顯示在正面的圖案反過來刻，請注意像文字、記號等有方向性的圖案喔！

sample : **以反面雕刻作出各種圖案**

· ·

市面販售的底座×反面雕刻

若使用帶有些許厚度的膠片，也能表現出雕刻的深淺。刻深一些，從正面看起來就像是在眼前，營造出有遠近感的空間，將雕刻部分塗上白色以外的色彩更給人像是繪畫的感覺。

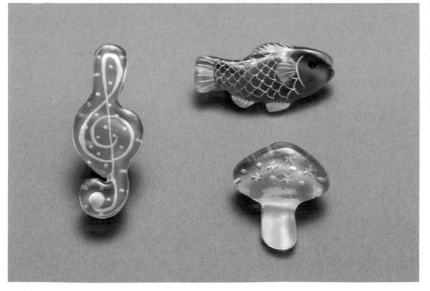

獨創造型×反面雕刻

從原型開始親手作，就能作出更有原創性的作品。像是高音記號一樣有方向性的圖案（文字、記號等），從反面雕刻時，請注意不要反向了！而像魚兒及香菇將部分背景顏色改變，也是表現技法的一種。

押花＆森林小鹿胸針

→ P.12

☆ ☆ ☆ ☆ ☆

design：みどり堂

將圖案（鹿）當作第二層，第3至5層依順序放進押花。

霧面加工以手拿鑽淺淺削過後，以砂紙均一磨到滑順。

側面也以砂紙研磨作成霧面加工

胸針配件

模型

原型用石粉粘土
矽膠
　→以黏土先作出【菱形】，再以矽膠翻模（參考P.56至P.57）。

材料

UV膠
環氧樹脂
鑲嵌素材…印刷在高品質紙上的插圖（鹿）
壓花（繡球花、油菜花、馬鞭草、香雪球、苜蓿）
飾品素材…胸針配件

point：
鑲嵌素材以UV膠上膠
插圖、押花若以UV膠上在正反面，就能防止染色和變色。為了防止插圖透光，可以先在反面塗上白色壓克力顏料。

作法

1 模型注入透明樹脂[第一層]。➤硬化

2 注入透明樹脂，放進插圖[第二層]。➤硬化

3 注入透明樹脂，放進馬鞭草、油菜花[第三層]。➤硬化

4 注入透明樹脂，放進繡球花[第四層]。➤硬化

5 注入透明樹脂，放進香雪球，苜蓿[第五層]。➤硬化

6 模型灌滿透明樹脂[第六層]。➤硬化

7 脫模後去毛邊研磨，側面粗磨作成霧面加工，表面則研磨至呈現光澤。

8 表面想作霧面加工的部分，以油性細字筆標上記號後，內側以手拿鑽淺淺地削過。

　point：以細傘鑽形車針削掉後，再以球形車針削掉凹凸不平處，留下油性筆痕跡時，再以研磨粉擦拭掉。

9 8削掉的部分以砂紙研磨（320號左右），霧面磨出均一感。

10 反面以接著劑黏上胸針配件，再塗UV膠埋入黏接面。➤照燈3分鐘

memo
分成六層表現出遠近
將數種類的押花分為四次鑲進樹脂中，營造出作品的深淺。由於澆注樹脂的各層分得很細，押花位置也確實決定，在硬化過程中就不會有偏移的狀況發生，像這樣製作的越仔細，作品的完成度也會越高。

環氧樹脂　單面模　著色　鑲嵌

滿滿草莓條狀鑰匙圈

→ P.13

☆☆☆☆☆

*design：*シフォン樹里

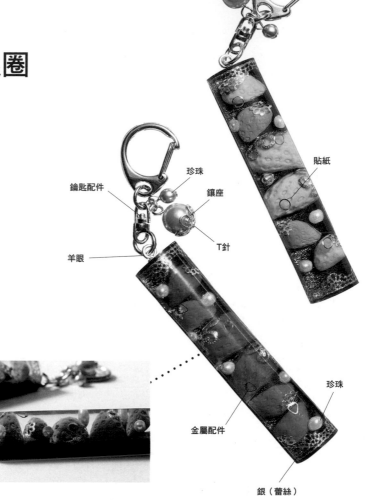

鑰匙配件

珍珠

鑲座

T針

羊眼

貼紙

珍珠

金屬配件

銀（蕾絲）

模型

條狀模型（製冰器）

材料

環氧樹脂

顏料⋯顏料（黑色）

鑲嵌素材⋯金蔥、樹脂黏土作的草莓、珍珠、金屬配件、貼紙（蕾絲）

飾品素材⋯羊眼、鑰匙配件、珍珠、鑲座、T針

→珍珠穿過T針後穿過鑲座，鉤在鑰匙配件。

作法

1 模型注入透明樹脂，放進貼紙［第一層］。➤硬化

2 注入透明樹脂，再放入草莓、珍珠［第二層］。➤硬化

3 透明樹脂混入顏料（黑色）、金蔥粉，倒滿模型［第三層］。➤硬化

4 脫模後去毛邊研磨。

5 手拿鑽開孔，插入羊眼。

6 鉤接上鑰匙配件。

memo

不透明染色樹脂×透明樹脂の魅力

將不透明染色樹脂當作背景，在透明部分放進鑲嵌素材。是將樹脂的透明感活用在作品，深色色彩也相當醒目的設計。

樹脂黏土草莓の作法

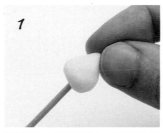

1

將樹脂黏土插在竹籤上，捏出草莓形狀。

2

注射針筒前端斜插到黏土，作出種子花樣後放至乾燥。

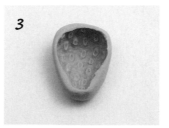

3

以2的黏土翻草莓模型。

4

染色樹脂黏土塞進3的模型後脫模，以T針接上鑲座穿過黏土當作蒂頭。

閃亮亮蝴蝶鑰匙圈

→ P.12

★ ☆ ☆ ☆ ☆

design：SUPERPOP☆COLLECTIVE8

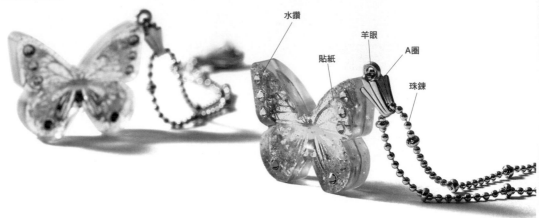

水鑽
羊眼
A圈
貼紙
珠鍊

模型

蝴蝶形狀

材料

UV膠
鑲嵌素材…貼紙（蝴蝶）、雷射貼紙、亮粉（喜愛的2色）
裝飾素材…水鑽（喜愛的2色）
飾品素材…羊眼、A圈、珠鍊

作法

1 將UV膠灌入模型中［第一層］。
  ➤ 照燈1至1分30秒

2 貼上貼紙後再灌入UV膠［第二層］。
  ➤ 照燈1至1分30秒

3 灌入UV膠，在翅膀外側放進雷射片［第三層］。
  ➤ 照燈1至1分30秒

4 灌入UV膠，在翅膀外側灑上亮粉［第四層］。
  ➤ 照燈1至1分30秒

5 灌入UV膠，在翅膀外側灑上亮粉［第五層］。
  ➤ 照燈1至1分30秒

6 灌入UV膠［第六層］
  ➤ 照燈1至1分30秒

7 脫模，去毛邊打磨。

8 水鑽塗UV膠後照光黏貼。
  ➤ 照燈2分鐘

9 以手拿鑽開孔，插入先剪短備用的羊眼（塗UV膠黏接）。

memo

因為透明，所以製作六層
能從另一面看見的透明無色樹脂，才適合金蔥及雷射片等有透明感的鑲嵌素材，各種鑲嵌素材分層灌膠固定在模型的位置上固定後即完成。

Index ／ 依技巧分類の參考作品

趣・手藝 **45**

初學者の第一本
UV膠&環氧樹脂飾品教科書（暢銷版）
從初學到進階！製作超人氣作品の完美小祕訣All in one！

監　　　修／熊﨑堅一
譯　　　者／莊琇雲
發 行 人／詹慶和
選 書 人／Eliza Elegant Zeal
執行編輯／黃璟安・陳姿伶
編　　　輯／蔡毓玲・劉蕙寧
執行美編／周盈汝
美術編輯／陳麗娜・韓欣恬
內頁排版／造極
出 版 者／Elegant-Boutique新手作
發 行 者／悅智文化事業有限公司　　　郵政劃撥帳號／19452608
戶　　　名／悅智文化事業有限公司
地　　　址／220新北市板橋區板新路206號3樓
網　　　址／www.elegantbooks.com.tw
電子郵件／elegant.books@msa.hinet.net
電　　　話／(02)8952-4078
傳　　　真／(02)8952-4084

2015年2月初版一刷
2022年2月二版一刷　定價350元

ACCESSORY DUKURI NO TAMENO RESIN NO KYOKASHO
©KENICHI KUMAZAKI 2013
Originally published in Japan in 2013 by Kawade Shobo Shinsha Ltd.
Publishers, Tokyo.
Chines translation rights arranged through TOHAN CORPORATION, TOKYO.,
and Keio Cultural Enterprise Co., Ltd.

經銷／易可數位行銷股份有限公司
地址／新北市新店區寶橋路235 巷6 弄3 號5 樓
電話／ (02)8911-0825
傳真／ (02)8911-0801

版權所有・翻印必究
※本書作品禁止任何商業營利用途（店售・網路販售等）&刊載，請單純享受個
人的手作樂趣。
※本書如有缺頁，請寄回本公司更換。

國家圖書館出版品預行編目(CIP)資料

初學者の第一本UV膠&環氧樹脂飾品教科書/熊﨑
堅一監修；莊琇雲譯. -- 二版. -- 新北市：Elegant-
Boutique新手作出版：悅智文化事業有限公司發行,
2022.02
　　面；　公分. -- (趣.手藝；45)
ISBN 978-957-9623-80-3(平裝)

1.CST: 裝飾品 2.CST: 手工藝

426.77　　　　　　　　　　　　　111000501

監修
熊﨑堅一(くまざき・けんいち)
1964年生於名古屋市。任職過雜貨商店，於1987年設
立雜貨品牌「Amazing(アメージング)」。著眼於雜貨
製作可發展的變化，進行雜貨和裝飾小物的製作。以
個人率先將當時用在工業上的透明樹脂加入作品中，
作融合設計和實用性的創作。作品的製作・發表，販
賣，再加上相關素材的販賣外，公開發表技術和知
識，致力於推廣透明樹脂。
http://www.net-amazing.com/

設計&作品製作
シフォン樹里
http://ameblo.jp/jurideco
シヅクヤ
http://sizukuya.com/
SUPERPOP☆COLLECTIVE8
http://ameblo.jp/superpop-collective8
マンボウ★no.5
http://mambow-no5.jugem.jp/
みどり堂
http://midoridou.net/

Staff
設計／いわながさとこ
攝影／わだりか(mobiile)
作法／真壁いずみ
編輯協力／門司智子

攝影協力
AWABEES
PUEBCO
UTUWA

素材提供
エボキシレジン〔デブコンET〕
株式會社ITW パフォーマンスポリマーズ＆フルイズ
ジャパン
http://www.itwppfjapan.com/
シリコーン〔KE-12〕〔KE-17〕
信越化學工業株式會社
朝日生命大手町ビル
http:// www.silicone.jp/